학기별 계산력 강화 프로그램

바쁜 3학년을 위한

빠른 교과서 연산

수학 전문학원의 연산 꿀팁으로 계산이 빨라져요!

학교 진도 맞춤 연산 3-2학기

이지스에듀

저자 소개

징검다리 교육연구소 적은 시간을 투입해도 오래 기억에 남는 학습의 과학을 생각하는 이지스에듀의 공부 연구소입니다. 아이들이 기계적으로 공부하지 않도록, 두뇌가 활성화되는 과학적 학습 설계가 적용된 책을 만듭니다.

최순미 선생님은 징검다리 교육연구소의 대표 저자입니다. 이지스에듀에서 《바쁜 5·6학년을 위한 빠른 연산법》과 《바쁜 3·4학년을 위한 빠른 연산법》, 《바쁜 1·2학년을 위한 빠른 연산법》 시리즈를 집필, 새로운 교육과정에 걸맞은 연산 교재로 새 바람을 불러일으켰습니다. 지난 20여 년 동안 EBS, 디딤돌 등과 함께 100여 종이 넘는 교재 개발에 참여해 왔으며 《EBS 초등 기본서 만점왕》, 《EBS 만점왕 평가문제집》 등의 참고서 외에도 《눈높이수학》 등 수십 종의 교재 개발에 참여해 온, 초등 수학 전문 개발자입니다.

바빠 교과서 연산 시리즈 ⑥

바쁜 3학년을 위한
빠른 교과서 연산 3-2학기

초판 발행   2019년 3월 29일
초판 13쇄   2024년 11월 20일
지은이   징검다리 교육연구소, 최순미
발행인   이지연
펴낸곳   이지스퍼블리싱(주)
출판사 등록번호   제313-2010-123호
주소   서울시 마포구 잔다리로 109 이지스 빌딩 (우편번호 04003)
대표전화   02-325-1722   팩스   02-326-1723
이지스퍼블리싱 홈페이지   www.easyspub.com   이지스에듀 카페   www.easysedu.co.kr
바빠 아지트 블로그   blog.naver.com/easyspub   트위터   @easyspub
페이스북   www.facebook.com/easyspub2014   이메일   service@easyspub.co.kr

기획 및 책임 편집 정지연, 조은미, 박지연, 김현주, 이지혜   교정 박현진, 박옥녀   문제풀이 이지우   감수 한정우
일러스트 김학수   표지 및 내지 디자인 이유경, 정우영, 손한나   전산편집 아이에스   인쇄 보광문화사
영업 및 문의 이주동, 김요한(support@easyspub.co.kr)   독자 지원 박애림, 김수경   마케팅 라혜주

ISBN 979-11-6303-062-1 64410
ISBN 979-11-6303-032-4(세트)
가격 9,000원

알찬 교육 정보도 만나고 출판사 이벤트에도 참여하세요!

1. 바빠 공부단 카페
cafe.naver.com/easyispub

2. 인스타그램 + 카카오 플러스 친구
@easys_edu   이지스에듀 검색!

• **이지스에듀**는 이지스퍼블리싱의 교육 브랜드입니다.
(이지스에듀는 학생들을 탈락시키지 않고 모두 목적지까지 데려가는 책을 만듭니다!)

덜 공부해도 더 빨라지네? 왜 그럴까?

☆ 이번 학기에 필요한 연산을 한 권에 담은 두 번째 수학 익힘책!

'바빠 교과서 연산'은 이번 학기에 필요한 연산만 모아 똑똑한 방식으로 훈련하는 '학교 진도 맞춤 연산 책'입니다. 실제 요즘 학교에서 배우는 방식으로 설명하고, 작은 발걸음 방식으로 차근차근 문제를 풀도록 배치했습니다. 교과서 부교재처럼 이 책을 푼 후, 학교에 가면 반복 학습 효과가 높을 뿐 아니라 수학에 자신감도 생깁니다.

☆☆ 친구들이 자주 틀린 연산 집중 훈련으로 똑똑하게 완성!

친구들이 자주 틀린 연산을 연습하니 더 빨라!

공부는 양보다 질이 더 중요합니다. 쉬운 연산을 반복해서 풀기보다는 내가 약한 연산을 강화해야 실력이 쌓입니다. 그래서 이 책은 연산의 기본기를 다진 다음 친구들이 자주 틀리는 연산만 따로 모아 집중 훈련합니다. 또래 친구들이 자주 틀린 문제를 나도 틀릴 확률이 높기 때문이지요.

또 '내가 틀린 문제'를 따로 적어 한 번 더 복습합니다. 이렇게 훈련하면 적은 시간을 공부해도 연산 실수를 확실히 줄일 수 있습니다. 5분을 풀어도 15분 푼 것과 같은 효과를 누릴 수 있는 거죠!

☆☆☆ 수학 전문학원들의 연산 꿀팁이 담겨 적은 분량을 공부해도 효과적!

기존의 연산 책들은 계산 속도가 빨라지는 비법을 알려주는 대신 무지막지한 양을 풀게 해 아이들이 연산에 질리는 경우가 많았습니다. 바빠 교과서 연산은 수학 전문학원 원장님들의 노하우가 담긴 연산 꿀팁을 곳곳에 담아, 적은 분량을 훈련해도 계산이 더 빨라집니다!

☆☆☆☆ 목표 시계는 압박하지 않으면서 집중하게 도와 줘요!

각 쪽마다 목표 시간이 적힌 시계가 있습니다. 이 시계는 속도를 독촉하기 위한 게 아니에요. 제시된 목표 시간은 딴짓하지 않고 풀면 보통의 3학년이 풀 수 있는 시간입니다. 시간 안에 풀었다면 웃는 얼굴 ☺에, 못 풀었다면 찡그린 얼굴 ☺에 색칠하세요.

이 책을 끝까지 푼 후, 찡그린 얼굴에 색칠한 쪽만 복습한다면 정말 효과 높은 나만의 맞춤 연산 강화 훈련이 될 거예요.

1. 이번 학기 진도와 연계 — 학교 진도에 맞춘 학기별 연산 훈련서

'바빠 교과서 연산'은 최근 개정된 초등 수학 교과서의 단원을 제시한 연산 책입니다! 이번 학기 수학 교육과정이 요구하는 연산을 한 권에 모아 훈련할 수 있습니다.

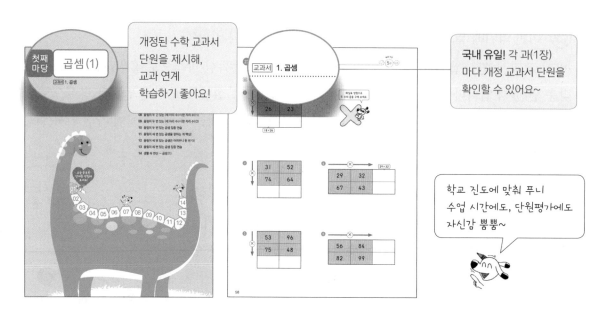

개정된 수학 교과서 단원을 제시해, 교과 연계 학습하기 좋아요!

국내 유일! 각 과(1장)마다 개정 교과서 단원을 확인할 수 있어요~

학교 진도에 맞춰 푸니 수업 시간에도, 단원평가에도 자신감 뿜뿜~

2. '앗 실수'와 '내가 틀린 문제'로 더 빠르고 완벽하게 익힌다!

'앗! 실수' 코너로 친구들이 자주 틀리는 연산을 한 번 더 훈련하고 '내가 틀린 문제'도 직접 쓰고 복습합니다. 약한 연산에 집중하는 것이 바로 시간을 허비하지 않는 비법입니다.

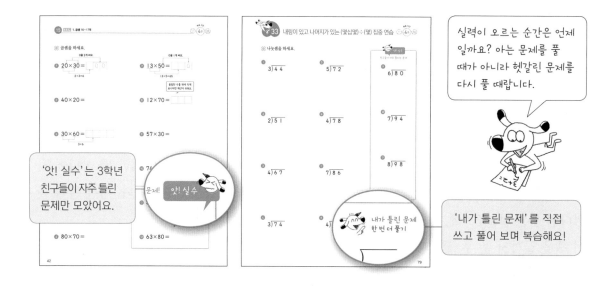

'앗! 실수'는 3학년 친구들이 자주 틀린 문제만 모았어요.

실력이 오르는 순간은 언제일까요? 아는 문제를 풀 때가 아니라 헷갈린 문제를 다시 풀 때랍니다.

'내가 틀린 문제'를 직접 쓰고 풀어 보며 복습해요!

3. 수학 전문학원의 연산 꿀팁과 목표 시계로 학습 효과를 2배 더 높였다!

이 책에는 수학 전문학원 원장님들의 노하우가 담긴 연산 꿀팁이 가득 담겨 있습니다. 또 3학년이 충분히 풀 수 있는 목표 시간을 제시하여 집중하는 재미와 성취감을 동시에 느낄 수 있습니다.

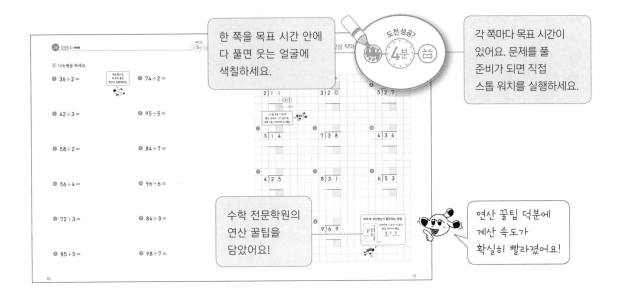

한 쪽을 목표 시간 안에 다 풀면 웃는 얼굴에 색칠하세요.

각 쪽마다 목표 시간이 있어요. 문제를 풀 준비가 되면 직접 스톱 워치를 실행하세요.

수학 전문학원의 연산 꿀팁을 담았어요!

연산 꿀팁 덕분에 계산 속도가 확실히 빨라졌어요!

4. 보너스! 기초 문장제로 확인하고 다양한 활동으로 수 응용력까지 키운다!

개정된 교육과정부터 시험의 절반 이상을 서술형으로 바꾸도록 권장하는 등 점점 '서술형'의 비중이 높아졌습니다. 따라서 연산 훈련도 문장제까지 이어 주면 효과적입니다. 각 마당의 공부가 끝나면 '생활 속 문장제'와 '맛있는 연산 활동'으로 수 감각과 응용력을 키우며 마무리합니다.

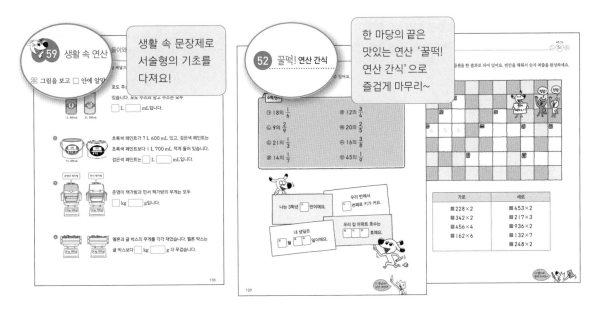

생활 속 문장제로 서술형의 기초를 다져요!

한 마당의 끝은 맛있는 연산 '꿀떡! 연산 간식'으로 즐겁게 마무리~

바쁜 3학년을 위한 빠른 교과서 연산 3-2

교과서 **1. 곱셈**

• 올림이 없는 (세 자리 수)×(한 자리 수)
• 일의 자리에서 올림이 있는 (세 자리 수)×(한 자리 수)
• 십의 자리, 백의 자리에서 올림이 있는
  (세 자리 수)×(한 자리 수)

지도 길잡이   1학기 때 배운 (두 자리 수)×(한 자리 수)에 이어 (세 자리 수)×(한 자리 수)를 배웁니다. 올림이 세 번 있는 곱셈까지 나오지만 올림한 수를 윗자리 계산에서 더해 주는 것만 기억하면 쉽게 풀 수 있습니다. 올림한 수를 작게 쓰고 더하는 습관을 길러 주세요.

교과서 **1. 곱셈**

• (몇십)×(몇십), (몇십몇)×(몇십)
• (몇)×(몇십)
• 올림이 한 번 있는 (몇십몇)×(몇십몇)
• 올림이 여러 번 있는 (몇십몇)×(몇십몇)

지도 길잡이   처음으로 곱하는 수가 두 자리 수인 곱셈을 배웁니다. 아이들은 (세 자리 수)×(한 자리 수) 보다 (두 자리 수)×(두 자리 수)를 더 어려워합니다. 곱하는 수를 몇십과 몇으로 나누어 계산하는 원리를 먼저 이해하고, 충분한 연습으로 자신감을 키우도록 도와주세요.

교과서 **2. 나눗셈**

• (몇십)÷(몇)
• 나머지가 없는 (몇십몇)÷(몇)
• 나머지가 있는 (몇십몇)÷(몇)
• 나머지가 없는 (세 자리 수)÷(한 자리 수)
• 나머지가 있는 (세 자리 수)÷(한 자리 수)
• 맞게 계산했는지 확인하기

지도 길잡이 몫이 두 자리 수인 나눗셈을 배웁니다. 십의 자리 계산에서 남은 수는 반드시 일의 자리 수와 합쳐서 한 번 더 나누도록 지도해 주세요. 나머지가 있는 경우 바르게 계산했는지 확인까지 할 수 있어야 합니다.

교과서 4. 분수

• 분수로 나타내기
• 전체에 대한 분수만큼은 얼마인지 알기
• 진분수, 가분수, 자연수, 대분수
• 분모가 같은 분수의 크기 비교

지도 길잡이 도넛이나 과자처럼 아이들이 좋아하는 음식을 이용해 어떤 수의 분수만큼이 얼마인지 이해하도록 도와주세요. 그리고 진분수, 가분수, 대분수의 개념도 정확히 알고 넘어가도록 지도해 주세요.

교과서 5. 들이와 무게

• 들이의 단위 L, mL
• 들이의 덧셈과 뺄셈
• 무게의 단위 kg, g
• 무게의 덧셈과 뺄셈

지도 길잡이 들이와 무게는 우유의 용량이나 몸무게를 잴 때처럼 실생활에서 유용하게 쓰입니다.
생활 주변에서 들이와 무게의 단위를 사용하는 물건들을 찾아보고, 같은 단위끼리 더하고 빼는 연습을 해 보세요.

바쁜 4학년을 위한 빠른 교과서 연산 4-1 목차	연산 훈련이 필요한 학교 진도 확인하기
첫째 마당 큰 수	1. 곱셈
둘째 마당 각도	2. 각도
셋째 마당 곱셈	3. 곱셈과 나눗셈
넷째 마당 나눗셈 (1)	3. 곱셈과 나눗셈
다섯째 마당 나눗셈 (2)	3. 곱셈과 나눗셈

☆ 나만의 공부 계획을 세워 보자

나의 권장 진도 [ ] 일

나는?

나는?

나는?

☑ 예습하는 거예요.

☑ 초등 3학년이지만 수학 문제집을 처음 풀어요.

☑ 지금 3학년 2학기예요.

☑ 초등 3학년으로, 수학 실력이 보통이에요.

☑ 잘하지만 실수를 줄이고 더 빠르게 풀고 싶어요.

☑ 복습하는 거예요.

하루 한 장 **60일** 완성!

하루 두 장 **30일** 완성!

하루 세 장 **20일** 완성!

1일차	1과
2일차	2과
3~59일차	하루에 한 과 (1장)씩 공부!
60일차	틀린 문제 복습

1일차	1, 2과
2일차	3, 4과
3~29일차	하루에 두 과 (2장)씩 공부!
30일차	59과, 틀린 문제 복습

1일차	1~4과
2일차	5~8과
3~19일차	하루에 세 과 (3장)씩 공부!
20일차	틀린 문제 복습

▶ **이 책을 지도하시는 학부모님께!**

1. 하루 딱 10분,
연산 공부 환경을 만들어 주세요.

2. 목표 시간은
속도를 재촉하기 위한 것이 아니라 공부 집중력을 위한 장치입니다.

목표 시간 **3분**

아이가 공부할 때 부모님도 스마트폰이나 TV를 꺼주세요. 한 장에 10분 내외면 충분해요. 이 시간만큼은 부모님도 책을 읽거나 공부하는 모습을 보여 주세요! 그러면 아이는 자연스럽게 집중하여 공부하게 됩니다.

책 속 목표 시간은 속도 측정용이 아니라 정확하게 풀 수 있는 넉넉한 시간입니다. 그러므로 복습용으로 푼다면 목표 시간보다 빨리 푸는 게 좋습니다. 또한 선행용으로 푼다면 목표 시간을 재지 않아도 됩니다.

♥ 그리고 공부를 마치면 꼭 칭찬해 주세요! ♥

첫째
마당

곱셈 (1)

교과서 1. 곱셈

오늘 공부한
단계를 색칠해
보세요!

💡 바빠 개념 쏙쏙!

☆ 올림이 없는 (세 자리 수)×(한 자리 수)

일, 십, 백의 자리 순서로 계산합니다.

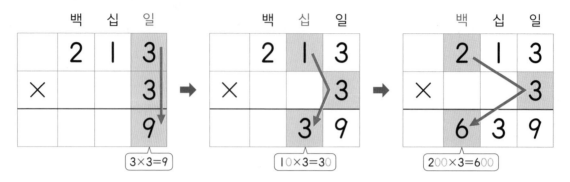

$3 \times 3 = 9$

$10 \times 3 = 30$

$200 \times 3 = 600$

☆ 올림이 있는 (세 자리 수)×(한 자리 수)

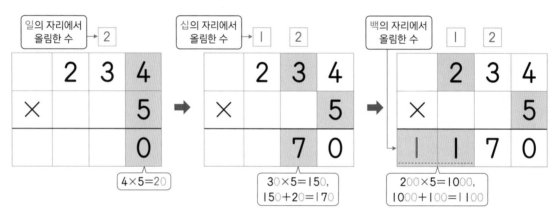

일의 자리에서 올림한 수 → 2

$4 \times 5 = 20$

십의 자리에서 올림한 수 → 1

$30 \times 5 = 150,$
$150 + 20 = 170$

백의 자리에서 올림한 수

$200 \times 5 = 1000,$
$1000 + 100 = 1100$

잠깐! 퀴즈

일의 자리끼리 곱한 값이 10이거나 10보다 크면 어느 자리로 올림을 해야 할까요?

① 십   ② 백

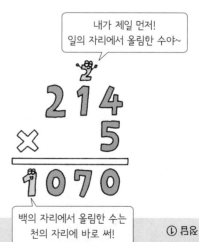
내가 제일 먼저!
일의 자리에서 올림한 수야~

백의 자리에서 올림한 수는 천의 자리에 바로 써!

01 올림이 없는 (세 자리 수)×(한 자리 수)는 쉬워

목표 시간 3분

✂ 곱셈을 하세요.

> 일→십→백의 자리 순서대로 계산하고
> 각 자리에 바로 내려쓰면 돼요.

❶

```
    백 십 일
    1  2  4
×         2
─────────────
    2  4  8
```

> 일, 십, 백의 자리 순서로 계산해요.
> ← 백 십 일

❷

```
    1  3  1
×         3
─────────────
```

❸

```
    2  1  4
×         2
─────────────
```

❹

```
    2  3  1
×         2
─────────────
```

> 231=200+30+1이니까
> 231×2는 200×2, 30×2, 1×2를
> 더한 것과 같아요.

❺

```
    백 십 일
    1  2  0
×         4
─────────────
```

> 조심!
> 0×(어떤 수)=0이에요.

❻

```
    2  3  2
×         3
─────────────
```

❼

```
    2  0  2
×         4
─────────────
```

❽

```
    3  3  1
×         3
─────────────
```

❾

```
    백 십 일
    3  2  3
×         2
─────────────
```

❿

```
    3  1  4
×         2
─────────────
```

⓫

```
    3  3  2
×         3
─────────────
```

⓬

```
    4  3  1
×         2
─────────────
```

11

지금은 백의 자리부터 계산해도 되지만, 나중에 배울 올림이 있는 곱셈을 생각해서 일의 자리부터 계산하는 습관을 기르는 게 좋습니다.

❀ 곱셈을 하세요.

일의 자리부터 계산하세요.

❶ $143 \times 2 =$ 286
❸ ❷ ❶

❷ $212 \times 3 =$ ☐☐☐

❸ $112 \times 4 =$

❹ $413 \times 2 =$

❺ $312 \times 3 =$

❻ $212 \times 4 =$

❼ $133 \times 3 =$

❽ $234 \times 2 =$

❾ $221 \times 3 =$

❿ $421 \times 2 =$

⓫ $233 \times 3 =$

⓬ $444 \times 2 =$

일의 자리부터 차례로 곱셈구구를 이용하여 풀면 OK!

목표 시간
3분

🦴 곱셈을 하세요.

	백	십	일
		2←	일의 자리에서 올림한 수

①

	백	십	일
	1	1	8
×			3
	3	5	4

1×3=3,
3+2=5

⑤

	백	십	일
	1	2	4
×			4

⑨

	백	십	일
	3	2	7
×			2

②

	백	십	일
	2	1	6
×			2

1×2=2에 일의 자리에서
올림한 수 1을 더해요.

⑥

	백	십	일
	2	2	5
×			3

⑩

	백	십	일
	2	1	9
×			4

③

	백	십	일
	1	0	3
×			4

십의 자리 수가 0이면
일의 자리에서 올림한 수를 바로 써요.

⑦

	백	십	일
	3	2	8
×			2

⑪

	백	십	일
	3	1	8
×			3

④

	백	십	일
	1	1	4
×			5

⑧

	백	십	일
	4	3	6
×			2

⑫

	백	십	일
	1	0	6
×			9

목표 시간 3분

✕ 곱셈을 하세요.

		백	십	일

①
	백	십	일
	2	1	5
×			2

> 일의 자리에서 올림한 수를 꼭 더해 줘요.

②
	백	십	일
	1	2	3
×			4

③
	백	십	일
	1	1	3
×			6

④
	백	십	일
	1	1	8
×			5

⑤
	백	십	일
	2	1	9
×			3

⑥
	백	십	일
	1	1	4
×			7

⑦
	백	십	일
	4	3	7
×			2

⑧
	백	십	일
	1	1	2
×			8

⑨
	백	십	일
	3	2	6
×			2

⑩
	백	십	일
	2	1	7
×			4

⑪
	백	십	일
	1	0	8
×			9

> 계산 시간을 1초 줄이는 꿀팁
>
> | | 1 | 0 | 8 |
> |---|---|---|---|
> | × | | | 9 |
> | | 9 | 7 | 2 |
>
> 십의 자리에 0이 있는 경우
> 일의 자리 계산 결과를 십의 자리와
> 일의 자리에 바로 써요. 올림한 수를
> 위에 작게 쓰지 않아도 돼요.

목표 시간
3분

❋ 곱셈을 하세요.

①
```
  1 1 5
×     4
```
> 일의 자리부터
> 곱하고 있죠?

⑤
```
  1 2 8
×     3
```

⑨
```
  1 0 4
×     8
```

②
```
  2 3 7
×     2
```

⑥
```
  1 1 6
×     5
```

⑩
```
  3 1 6
×     3
```

● 친구들이 자주 틀리는 문제! **앗! 실수**

③
```
  2 1 6
×     4
```

⑦
```
  2 2 4
×     3
```

⑪
```
  1 0 7
×     9
```
> 올림한 수를 더하는
> 것을 잊지 마세요.

④
```
  1 1 3
×     7
```

⑧
```
  1 0 9
×     6
```

⑫
```
  4 3 8
×     2
```

✿ 곱셈을 하세요.

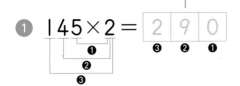
가로셈으로도 풀어 보세요. 그런 다음
세로셈으로 풀어 답이 맞는지 확인하면 정말 최고!

① $145 \times 2 =$ [2][9][0]
              ❸ ❷ ❶

⑦ $327 \times 2 =$

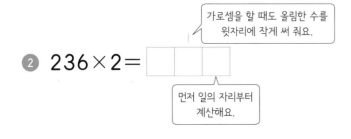
가로셈을 할 때도 올림한 수를
윗자리에 작게 써 줘요.

먼저 일의 자리부터
계산해요.

② $236 \times 2 =$ [ ][ ][ ]

⑧ $114 \times 5 =$

③ $218 \times 3 =$

⑨ $115 \times 6 =$

④ $112 \times 7 =$

⑩ $319 \times 3 =$

⑤ $215 \times 4 =$

⑪ $216 \times 4 =$

내가 틀린 문제
한 번 더 풀기

[   ] × [ ] = [   ]

⑥ $209 \times 4 =$

✂ 곱셈을 하세요.

	백	십	일				백	십	일				백	십	일

십의 자리에서 올림한 수 `1`

①
	1	3	2
×			4
	5	2	8

십의 자리에서 올림한 수는 백의 자리 곱에 꼭 더해 줘요.

1×4=4,
4+1=5

⑤
	2	5	4
×			2

⑨
	1	9	2
×			3

②
	1	2	1
×			6

⑥
	1	4	2
×			3

⑩
	3	8	4
×			2

③
	2	5	0
×			3

0×3=0

올림한 수를 백의 자리 위에 작게 써 두면 실수하지 않아요.

⑦
	1	6	1
×			5

⑪
	2	7	3
×			3

④
	1	9	1
×			4

⑧
	1	7	2
×			4

⑫
	1	4	1
×			7

목표 시간 3분

❀ 곱셈을 하세요.

	백	십	일

①
$$
\begin{array}{r}
1\ 5\ 1 \\
\times \quad\ 4 \\
\hline
\end{array}
$$

⑤
$$
\begin{array}{r}
2\ 3\ 2 \\
\times \quad\ 4 \\
\hline
\end{array}
$$

⑨
$$
\begin{array}{r}
1\ 2\ 1 \\
\times \quad\ 8 \\
\hline
\end{array}
$$

②
$$
\begin{array}{r}
2\ 7\ 3 \\
\times \quad\ 2 \\
\hline
\end{array}
$$

⑥
$$
\begin{array}{r}
2\ 8\ 1 \\
\times \quad\ 3 \\
\hline
\end{array}
$$

⑩
$$
\begin{array}{r}
3\ 9\ 4 \\
\times \quad\ 2 \\
\hline
\end{array}
$$

③
$$
\begin{array}{r}
1\ 9\ 1 \\
\times \quad\ 5 \\
\hline
\end{array}
$$

⑦
$$
\begin{array}{r}
4\ 8\ 1 \\
\times \quad\ 2 \\
\hline
\end{array}
$$

⑪
$$
\begin{array}{r}
1\ 6\ 2 \\
\times \quad\ 4 \\
\hline
\end{array}
$$

④
$$
\begin{array}{r}
3\ 5\ 2 \\
\times \quad\ 2 \\
\hline
\end{array}
$$

⑧
$$
\begin{array}{r}
1\ 3\ 0 \\
\times \quad\ 6 \\
\hline
\end{array}
$$

⑫
$$
\begin{array}{r}
2\ 9\ 1 \\
\times \quad\ 3 \\
\hline
\end{array}
$$

목표 시간
3분

✖ 곱셈을 하세요.

①
```
    1 3 1
  ×     5
```

⑤
```
    1 5 2
  ×     4
```

⑨
```
    3 6 2
  ×     2
```

②
```
    2 3 1
  ×     4
```

⑥
```
    1 7 1
  ×     5
```

⑩
```
    2 9 2
  ×     3
```

③
```
    1 4 3
  ×     3
```

⑦
```
    2 9 3
  ×     2
```

친구들이 자주 틀리는 문제!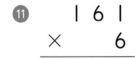

⑪
```
    1 6 1
  ×     6
```

올림한 수를 더하는 것을
잊지 마세요.

④
```
    1 2 1
  ×     7
```

⑧
```
    2 8 3
  ×     3
```

⑫
```
    4 9 4
  ×     2
```

19

❀ 곱셈을 하세요.

올림한 수를 백의 자리 위에
작게 쓰고 계산하면 실수하지 않아요.

① 164×2 = ③ ② ⑧

$6×2=12$

② 182×3 = ⬚ ⬚ ⬚

③ 170×4 =

④ 151×5 =

⑤ 241×3 =

⑥ 121×8 =

⑦ 172×3 =

⑧ 373×2 =

⑨ 192×4 =

⑩ 131×7 =

⑪ 393×2 =

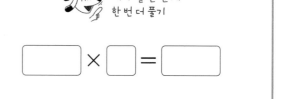

내가 틀린 문제
한 번 더 풀기

⬚ × ⬚ = ⬚

목표 시간 **3분**

✂️ 곱셈을 하세요.

	천	백	십	일
❶		5	2	3
	×			2
	→1	0	4	6

백의 자리에서 올림한 수 ／ 5×2=10

	천	백	십	일
❺		7	4	3
	×			2

	천	백	십	일
❾		3	1	0
	×			6

	천	백	십	일
❷		3	1	2
	×			4
	1			

눈치챘죠? 백의 자리에서 올림한 수는
천의 자리에 바로 쓰면 돼요.

	천	백	십	일
❻		8	1	2
	×			3

	천	백	십	일
❿		6	2	2
	×			4

	천	백	십	일
❸		8	4	1
	×			2

	천	백	십	일
❼		5	2	1
	×			4

	천	백	십	일
⓫		8	3	2
	×			3

	천	백	십	일
❹		6	3	2
	×			3

	천	백	십	일
❽		8	0	1
	×			5

	천	백	십	일
⓬		4	1	1
	×			7

목표 시간 **3분**

✂ 곱셈을 하세요.

①
$$\begin{array}{r} 4\ 2\ 1 \\ \times\quad 3 \\ \hline \end{array}$$

⑤
$$\begin{array}{r} 3\ 1\ 1 \\ \times\quad 8 \\ \hline \end{array}$$

⑨
$$\begin{array}{r} 5\ 1\ 3 \\ \times\quad 3 \\ \hline \end{array}$$

②
$$\begin{array}{r} 9\ 1\ 3 \\ \times\quad 2 \\ \hline \end{array}$$

⑥
$$\begin{array}{r} 8\ 2\ 2 \\ \times\quad 4 \\ \hline \end{array}$$

⑩
$$\begin{array}{r} 9\ 1\ 0 \\ \times\quad 7 \\ \hline \end{array}$$

③
$$\begin{array}{r} 5\ 0\ 1 \\ \times\quad 7 \\ \hline \end{array}$$

⑦
$$\begin{array}{r} 7\ 3\ 4 \\ \times\quad 2 \\ \hline \end{array}$$

⑪
$$\begin{array}{r} 6\ 0\ 1 \\ \times\quad 8 \\ \hline \end{array}$$

④
$$\begin{array}{r} 6\ 1\ 0 \\ \times\quad 9 \\ \hline \end{array}$$

⑧
$$\begin{array}{r} 4\ 1\ 1 \\ \times\quad 6 \\ \hline \end{array}$$

⑫
$$\begin{array}{r} 8\ 1\ 0 \\ \times\quad 9 \\ \hline \end{array}$$

❀ 곱셈을 하세요.

① 211×5 = ☐ 1 0 5 5

2×5=10

백의 자리에서 올림한 수는
천의 자리에 바로 쓰면 되니까
가로셈도 어렵지 않아요.

⑦ 522×4 =

② 322×4 = ☐☐☐☐

⑧ 643×2 =

③ 614×2 =

⑨ 821×3 =

④ 512×3 =

⑩ 934×2 =

⑤ 711×8 =

⑪ 723×3 =

⑥ 611×5 =

⑫ 812×4 =

❄ 빈칸에 알맞은 수를 써넣으세요.

①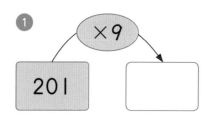

②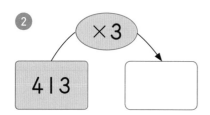

③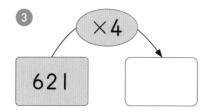

④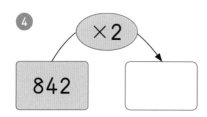

⑤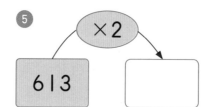

⑥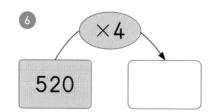

⑦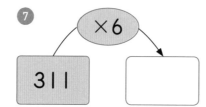

⑧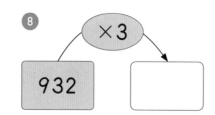

⑨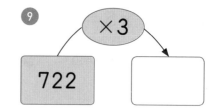

⑩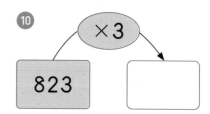

⑪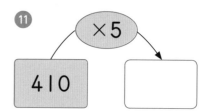

⑫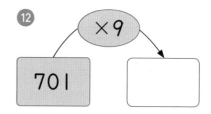

08 올림이 두 번 있는 (세 자리 수)×(한 자리 수) (1)

❋ 곱셈을 하세요.

> 일의 자리, 십의 자리에 모두 올림이 있는 곱셈이에요. 집중해서 풀어 봐요.

	백	십	일
	②	①	

①
$$1\ 7\ 5 \times 3$$
5 2 5

> 7×3=21,
> 21+1=22

⑤
$$1\ 8\ 8 \times 2$$

⑨
$$2\ 6\ 7 \times 2$$

②
$$1\ 5\ 7 \times 4$$

⑥
$$1\ 2\ 4 \times 6$$

⑩
$$1\ 7\ 4 \times 4$$

③
$$2\ 4\ 9 \times 3$$

⑦
$$2\ 7\ 4 \times 3$$

• 친구들이 자주 틀리는 문제! 앗! 실수

⑪
$$2\ 6\ 8 \times 3$$

> 곱셈의 올림을 더할 때 받아올림이 있으니 주의하세요.

④
$$1\ 2\ 3 \times 8$$

⑧
$$1\ 9\ 3 \times 5$$

⑫
$$1\ 2\ 9 \times 7$$

목표 시간

4분

❀ 곱셈을 하세요.

일의 자리, 백의 자리에서
올림이 있는 곱셈이에요.

	천	백	십	일
			꠰	
①		3	0	4
	×			4

3×4

	천	백	십	일
②		6	2	5
	×			2

백의 자리에서 올림한 수는
천의 자리에 바로 써요.

	천	백	십	일
③		4	1	3
	×			7

	천	백	십	일
④		5	1	6
	×			6

	천	백	십	일
⑤		2	1	6
	×			5

	천	백	십	일
⑥		4	2	9
	×			3

	천	백	십	일
⑦		8	1	6
	×			4

	천	백	십	일
⑧		6	1	4
	×			7

	천	백	십	일
⑨		8	3	7
	×			2

	천	백	십	일
⑩		6	2	3
	×			4

	천	백	십	일
⑪		7	1	2
	×			8

	천	백	십	일
⑫		9	1	5
	×			6

목표 시간 4분

✂ 곱셈을 하세요.

십의 자리와 백의 자리에서 올림이 있는 곱셈이에요.

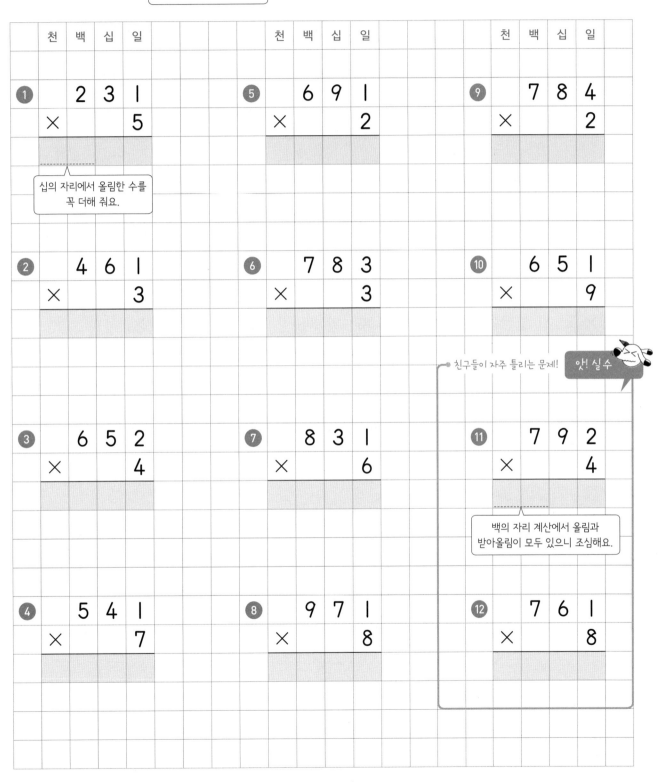

	천	백	십	일
❶		2	3	1
×				5

십의 자리에서 올림한 수를 꼭 더해 줘요.

	천	백	십	일
❷		4	6	1
×				3

	천	백	십	일
❸		6	5	2
×				4

	천	백	십	일
❹		5	4	1
×				7

	천	백	십	일
❺		6	9	1
×				2

	천	백	십	일
❻		7	8	3
×				3

	천	백	십	일
❼		8	3	1
×				6

	천	백	십	일
❽		9	7	1
×				8

	천	백	십	일
❾		7	8	4
×				2

	천	백	십	일
❿		6	5	1
×				9

친구들이 자주 틀리는 문제! 앗! 실수

	천	백	십	일
⓫		7	9	2
×				4

백의 자리 계산에서 올림과 받아올림이 모두 있으니 조심해요.

	천	백	십	일
⓬		7	6	1
×				8

목표 시간 5분

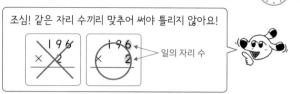

조심! 같은 자리 수끼리 맞추어 써야 틀리지 않아요!

일의 자리 수

✖ 세로셈으로 나타내고 곱셈을 하세요.

① 196×2

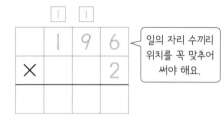

일의 자리 수끼리 위치를 꼭 맞추어 써야 해요.

⑤ 215×6

⑨ 352×3

② 289×2

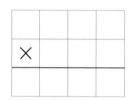

⑥ 613×4

⑩ 441×8

③ 245×4

⑦ 513×7

⑪ 861×6

④ 138×6

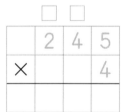

⑧ 814×5

⑫ 241×9

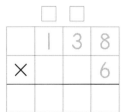

10 올림이 두 번 있는 곱셈 집중 연습

※ 곱셈을 하세요.

가로셈을 세로셈으로 바꾸어
차근차근 풀어 보세요.

① 127 × 6 =

⑦ 512 × 8 =

② 496 × 2 =

⑧ 407 × 9 =

③ 183 × 4 =

⑨ 821 × 6 =

④ 148 × 5 =

⑩ 952 × 4 =

⑤ 134 × 7 =

⑪ 751 × 8 =

내가 틀린 문제
한 번 더 풀기

☐ × ☐ = ☐

⑥ 265 × 3 =

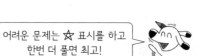

어려운 문제는 ☆ 표시를 하고
한번 더 풀면 최고!

✂ 곱셈을 하세요.

①
$$\begin{array}{r} 2\ 4\ 6 \\ \times \quad\quad 3 \\ \hline \end{array}$$

⑤
$$\begin{array}{r} 1\ 6\ 2 \\ \times \quad\quad 6 \\ \hline \end{array}$$

⑨ $197 \times 3 =$

②
$$\begin{array}{r} 2\ 3\ 7 \\ \times \quad\quad 4 \\ \hline \end{array}$$

⑥
$$\begin{array}{r} 8\ 0\ 5 \\ \times \quad\quad 3 \\ \hline \end{array}$$

⑩ $235 \times 4 =$

③
$$\begin{array}{r} 6\ 8\ 3 \\ \times \quad\quad 2 \\ \hline \end{array}$$

⑦
$$\begin{array}{r} 5\ 6\ 1 \\ \times \quad\quad 8 \\ \hline \end{array}$$

⑪ $214 \times 6 =$

④
$$\begin{array}{r} 3\ 1\ 8 \\ \times \quad\quad 5 \\ \hline \end{array}$$

⑧
$$\begin{array}{r} 7\ 9\ 1 \\ \times \quad\quad 4 \\ \hline \end{array}$$

⑫ $351 \times 8 =$

11 올림이 세 번 있는 곱셈을 잘하는 게 핵심!

목표 시간
5분

☆ 곱셈을 하세요.

	천	백	십	일
		①	①	
①	3	4	5
	×			3
	1	0	3	5

3×3=9,
9+1=10

4×3=12,
12+1=13

⑤

	천	백	십	일
		2	5	8
	×			6

⑨

	천	백	십	일
		8	7	6
	×			2

②

		2	9	5
	×			4

⑥

		4	2	7
	×			5

⑩

		5	4	2
	×			8

③

		5	4	9
	×			3

⑦

		6	8	2
	×			7

⑪

		7	9	4
	×			6

④

		3	5	3
	×			7

⑧

		9	3	4
	×			4

⑫

		6	4	3
	×			9

목표 시간 5분

🌸 곱셈을 하세요.

	천	백	십	일				천	백	십	일				천	백	십	일
❶		2	3	5		❺			3	7	6		❾			5	4	6
	×			7			×				5			×				4
❷		3	2	4		❻			3	5	2		❿			4	2	3
	×			6			×				8			×				9
❸		5	3	8		❼			6	8	7		⓫			7	3	9
	×			4			×				4			×				6
❹		4	4	2		❽			9	3	8		⓬			8	6	3
	×			9			×				7			×				8

친구들이 자주 틀리는 문제! 앗! 실수

12 올림이 세 번 있는 곱셈은 어려우니 한 번 더!

✼ 곱셈을 하세요.

	천	백	십	일
①		2	7	4
	×			5

	천	백	십	일
⑤		5	4	2
	×			7

	천	백	십	일
⑨		8	7	2
	×			6

	천	백	십	일
②		4	6	8
	×			4

	천	백	십	일
⑥		6	8	9
	×			2

	천	백	십	일
⑩		5	9	7
	×			3

	천	백	십	일
③		3	2	7
	×			6

	천	백	십	일
⑦		7	5	3
	×			4

	천	백	십	일
⑪		1	5	6
	×			7

받아올림이 있으니
실수하지 않도록 조심해요!

친구들이 자주 틀리는 문제!   앗! 실수

	천	백	십	일
④		4	6	5
	×			3

	천	백	십	일
⑧		6	3	4
	×			8

	천	백	십	일
⑫		2	4	8
	×			9

❈ 세로셈으로 나타내고 곱셈을 하세요.

① 292×6

⑤ 486×3

⑨ 734×8

② 232×5

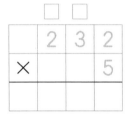

⑥ 549×4

⑩ 257×8

③ 393×4

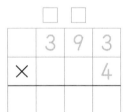

⑦ 642×7

⑪ 697×6

④ 384×3

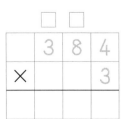

⑧ 458×3

⑫ 437×9

13 올림이 세 번 있는 곱셈 집중 연습

목표 시간 6분

곱셈을 하세요.

올림이 세 번 있는 곱셈은 실수하기 쉬우니 세로셈으로 바꾸어 차근차근 풀어 보세요.

❶ $457 \times 3 =$

❷ $236 \times 5 =$

❸ $683 \times 4 =$

❹ $529 \times 6 =$

❺ $354 \times 7 =$

❻ $865 \times 3 =$

❼ $675 \times 6 =$

❽ $344 \times 7 =$

❾ $427 \times 9 =$

❿ $967 \times 8 =$

⓫ $759 \times 9 =$

내가 틀린 문제 한번 더 풀기

$\square \times \square = \square$

목표 시간 5분

❀ 곱셈을 하세요.

①
$$
\begin{array}{r}
648 \\
\times \quad 3 \\
\hline
\end{array}
$$

⑤
$$
\begin{array}{r}
527 \\
\times \quad 7 \\
\hline
\end{array}
$$

②
$$
\begin{array}{r}
325 \\
\times \quad 6 \\
\hline
\end{array}
$$

⑥
$$
\begin{array}{r}
854 \\
\times \quad 5 \\
\hline
\end{array}
$$

③
$$
\begin{array}{r}
957 \\
\times \quad 2 \\
\hline
\end{array}
$$

⑦
$$
\begin{array}{r}
498 \\
\times \quad 4 \\
\hline
\end{array}
$$

④
$$
\begin{array}{r}
333 \\
\times \quad 9 \\
\hline
\end{array}
$$

⑧
$$
\begin{array}{r}
274 \\
\times \quad 8 \\
\hline
\end{array}
$$

앗! 실수

친구들이 자주 틀리는 문제

⑨
$$
\begin{array}{r}
678 \\
\times \quad 7 \\
\hline
\end{array}
$$

⑩
$$
\begin{array}{r}
236 \\
\times \quad 9 \\
\hline
\end{array}
$$

⑪
$$
\begin{array}{r}
777 \\
\times \quad 8 \\
\hline
\end{array}
$$

내가 틀린 문제 한 번 더 풀기

$$
\begin{array}{r}
\\
\times \quad \\
\hline
\end{array}
$$

목표 시간 3분

❖ 그림을 보고 ☐ 안에 알맞은 수를 써넣으세요.

1

서점에서 한 권에 156쪽인 연산 문제집 2권을 샀습니다. 2권의 문제집은 모두 ☐쪽입니다.

2

서진이가 하루에 3끼를 먹는다면 1년 동안 모두 ☐끼를 먹습니다.

1년은 365일이에요.

3

1위안=168원

지난주 월요일 은행에서 확인한 중국 돈 1위안은 우리나라 돈 168원과 같았습니다. 지난주 월요일 은행에서 바꾼 중국 돈 7위안은 우리나라 돈으로 ☐원입니다.

4
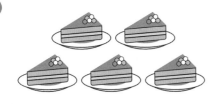

케이크 한 조각의 열량은 324 킬로칼로리입니다. 이 케이크를 5조각 먹으면 열량은 모두 ☐ 킬로칼로리입니다.

※ 숫자 퍼즐의 빈칸은 곱셈을 한 결과로 되어 있어요. 빈칸을 채워서 숫자 퍼즐을 완성하세요.

교
과
서
바
4
5
6
빠
산
연
른
쁜
문제
228×2=?
정답!
정답!

가로	세로
바 228×2	교 453×2
쁜 342×2	과 217×3
빠 456×4	서 936×2
른 162×6	연 132×7
	산 248×2

다 했어요!
꿀떡 주세요~

둘째 마당

곱셈 (2)

교과서 1. 곱셈

오늘 공부한
단계를 색칠해
보세요!

15 16 17 18 19 20 21 22 23 24

💡 바빠 개념 쏙쏙!

✩ (몇십몇)×(몇십)

(몇십몇)×(몇)을 계산한 값에 0을 1개 붙입니다.

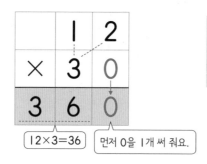

$12 \times 3 = 36$

$12 \times 30 = 360$ ← 10배

12×3을 계산한 값에 0 하나만 더 붙이면 돼요.

12×3=36   먼저 0을 1개 써 줘요.

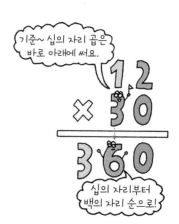

기준~ 십의 자리 곱은 바로 아래에 써요.

십의 자리부터 백의 자리 순으로!

✩ (몇십몇)×(몇십몇)

(몇십몇)×(몇)과 (몇십몇)×(몇십)을 계산한 후 더합니다.

❶ 24×3

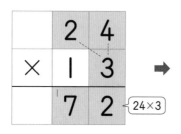

24×3

➡

❷ 24×10

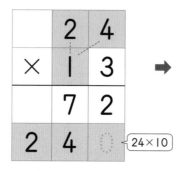

24×10

➡

❸ ❶과 ❷의 합

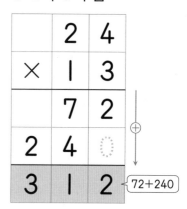

72+240

잠깐! 퀴즈

12×40은 12×4의 곱에 0을 몇 개 붙이면 될까요?

① 1개   ② 2개

15 곱하는 두 수의 0의 개수만큼 뒤에 붙여!

목표 시간 3분

✂️ 곱셈을 하세요.

	천	백	십	일			천	백	십	일			천	백	십	일
❶			3	0		❺			1	2		❾			3	9
	×		3	0			×		4	0			×		5	0
			0	0						0						

3×3
먼저 0을 2개 써요.

12×4
먼저 0을 1개 쓰고 계산해요.

	천	백	십	일			천	백	십	일			천	백	십	일
❷			4	0		❻			3	4		❿			7	2
	×		6	0			×		2	0			×		6	0

4×6

	천	백	십	일			천	백	십	일			천	백	십	일
❸			7	0		❼			1	4		⓫			2	4
	×		5	0			×		8	0			×		9	0

3

올림한 수를 작게 쓰면서 계산하세요~

	천	백	십	일			천	백	십	일			천	백	십	일
❹			3	0		❽			8	7		⓬			4	8
	×		9	0			×		2	0			×		7	0
									1							

십의 자리에서 올림한 수를 백의 자리 위에 쓰려는데 백의 자리 위치가 헷갈려요.

87
× 20
1 4

백의 자리 답란 위에 작게 쓰면 헷갈리지 않아요.

목표 시간
4분

❋ 곱셈을 하세요.

0을 2개 써요.

① 20×30 = ☐ 0 0

2×3=6

0을 1개 써요.

⑦ 13×50 = ☐ ☐ 0

13×5=65

올림한 수를 위에 작게
표시하면 계산이 쉬워요.

1

⑧ 12×70 = ☐ ☐ ☐

② 40×20 =

③ 30×60 = ☐ ☐ ☐ ☐

3×6

⑨ 57×30 =

④ 50×80 =

⑩ 74×40 =

친구들이 자주 틀리는 문제! 앗! 실수

⑤ 70×90 =

⑪ 38×60 =

⑥ 80×70 =

⑫ 63×80 =

16 몇십몇은 몇십과 몇으로 나누어 곱하자

✂️ 곱셈을 하세요.

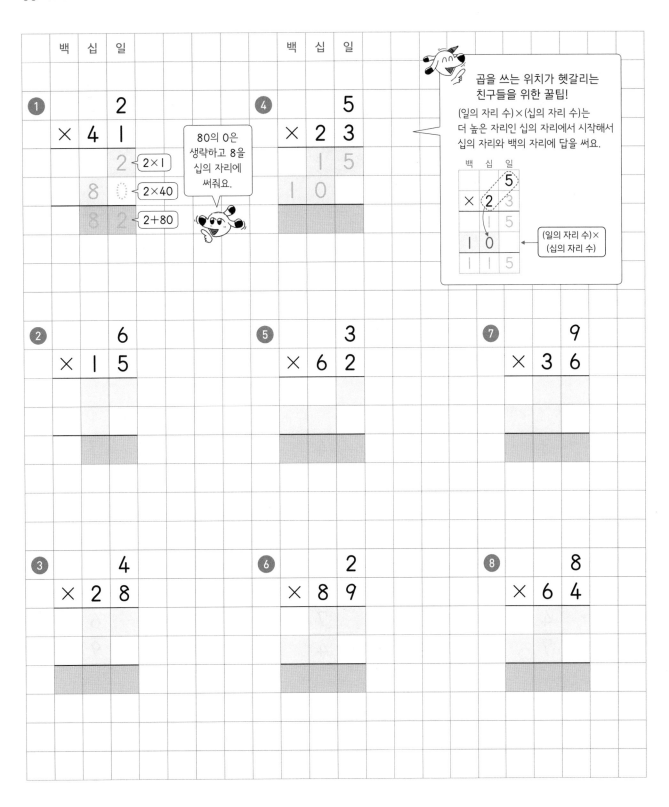

목표 시간 **3**분

※ 곱셈을 하세요.

(몇)×(몇십몇)을 과정을 쓰지 않고 한 번에 계산할 수도 있어요!

	백	십	일
❶			3
×		1	6
	¹4̶	8̶	

올림한 수를 작게 쓰면서 계산하세요~

3×1=3, 3+1=4

❺		백	십	일
				2
×			6	5

친구들이 자주 틀리는 문제!

앗! 실수

❾		백	십	일
				5
×			5	9

❷		십	일
			2
×		4	9

❻		십	일
			3
×		7	9

❿		십	일
			9
×		2	9

❸		십	일
			3
×		3	8

❼		십	일
			4
×		9	6

⓫		십	일
			7
×		7	5

❹		십	일
			4
×		2	7

❽		십	일
			7
×		6	4

⓬		십	일
			6
×		8	9

곱하는 두 수를 바꾸어 곱해도 계산 결과가 같아요. 바꿔서도 풀어 봐요.

```
    6          8 9
 × 8 9        ×  6
 5⁵3 4  ⊜  5⁵3 4
```

17 (몇)×(몇십몇)을 가로셈으로 빠르게

❀ 곱셈을 하세요.

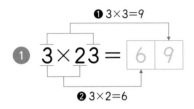

❶ 3×3=9

① $3 \times 23 = \boxed{6\ 9}$

❷ 3×2=6

⑦ $4 \times 32 = \boxed{1\ \ \ }$

> 십의 자리에서 올림한 수는 백의 자리에 바로 써요.

② $5 \times 16 = \boxed{\overset{3}{\ }\ \ }$

> 올림한 수는 작게 써 두면 실수하지 않아요.

⑧ $2 \times 68 = \boxed{\ \ \ \ }$

③ $4 \times 13 = \boxed{\ \ }$

⑨ $8 \times 24 =$

④ $6 \times 16 =$

⑩ $6 \times 39 =$

⑤ $2 \times 46 =$

⑪ $9 \times 34 =$

⑥ $7 \times 12 =$

⑫ $7 \times 84 =$

✼ 곱셈을 하세요.

될 수 있으면 가로셈으로 풀어 보세요. 그런 다음 세로셈으로 풀어 답이 맞는지 확인하면 정말 최고!

❶ $2 \times 24 =$

❷ $3 \times 18 =$

❸ $4 \times 27 =$

❹ $8 \times 15 =$

❺ $2 \times 63 =$

❻ $3 \times 72 =$

❼ $5 \times 26 =$

❽ $4 \times 39 =$

❾ $6 \times 23 =$

❿ $7 \times 28 =$

⓫ $7 \times 94 =$

⓬ $9 \times 57 =$

18 올림이 있으면 올림한 수를 꼭 쓰면서 풀자

❀ 곱셈을 하세요.

	백	십	일	
❶		1	3	
	×	1	4	
	¹5	2		← 13×4
	1	3	○	← 13×10
	1	8	2	

130의 0을 생략하고
3은 십의 자리에
1은 백의 자리에 써요.

	백	십	일
❷		1	7
	×	1	5

	백	십	일
❸		1	2
	×	1	8

	백	십	일
❹		2	8
	×	1	3

	백	십	일	
❺		2	4	
	×	1	6	
				← 24×6

	백	십	일
❻		4	1
	×	1	9

	백	십	일
❼		5	2
	×	1	3

	백	십	일
❽		3	1
	×	2	7

	백	십	일
❾		5	1
	×	1	6

목표 시간 4분

곱셈을 하세요.

	백	십	일				천	백	십	일				천	백	십	일	
❶		1	6			❹			1	2			❼			4	1	
	×	2	1					×	7	3					×	8	1	
				16×1														
	1 3	2		16×20														

올림한 수를 작게 쓰면서 계산하세요~

	백	십	일				천	백	십	일				천	백	십	일	
❷		1	4			❺			5	3			❽			3	1	
	×	3	2					×	3	1					×	7	2	
							1	5	9		53×30							

	백	십	일				천	백	십	일				천	백	십	일	
❸		2	3			❻			2	1			❾			6	2	
	×	4	1					×	9	4					×	4	1	

❀ 곱셈을 하세요.

①   1 2
  × 1 7
___

⑤   2 1
  × 1 8
___

⑨   1 2
  × 8 3
___

②   1 3
  × 1 6
___

⑥   3 1
  × 2 6
___

⑩   4 5
  × 2 1
___

③   1 9
  × 1 4
___

⑦   4 7
  × 2 1
___

⑪   6 2
  × 3 1
___

④   3 1
  × 2 5
___

⑧   1 4
  × 7 1
___

⑫   4 1
  × 7 2
___

❈ 곱셈을 하세요.

① 14×14=

가로셈은 세로셈으로 바꿔 풀면 실수를 줄일 수 있어요.

⑥ 94×12=

② 15×16=

⑦ 13×72=

③ 27×12=

⑧ 31×73=

④ 52×13=

⑨ 82×41=

⑤ 63×13=

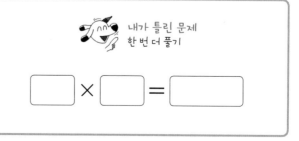

내가 틀린 문제 한 번 더 풀기

☐ × ☐ = ☐

20 올림이 여러 번 있는 두 자리 수의 곱셈

😊 곱셈을 하세요.

	백	십	일
❶		1	8
	×	3	2
	¹3	6	← 18×2
	²5	4	← 18×30
	5	7	6

	천	백	십	일
❹			3	1
		×	4	9
		2	7	9	← 31×9
	1	2	4		← 31×40

	천	백	십	일
❼			9	4
		×	1	5

올림이 여러 번 있어도 당황하지 말아요.
올림한 수는 윗자리에 작게 쓰고
윗자리 곱에 더해 주는 것만 기억하면 돼요.

	백	십	일
❷		1	3
	×	5	6

	백	십	일
❺		7	2
	×	3	4

	백	십	일
❽		2	4
	×	6	1

	백	십	일
❸		2	7
	×	2	3

	백	십	일
❻		8	2
	×	4	3

	백	십	일
❾		5	9
	×	3	1

목표 시간 4분

곱셈을 하세요.

	천	백	십	일
①			3	6
		×	2	4

	천	백	십	일
④			2	4
		×	8	3

	천	백	십	일
⑦			5	2
		×	6	3

	천	백	십	일
②			2	3
		×	4	6

	천	백	십	일
⑤			4	9
		×	7	2

	천	백	십	일
⑧			8	3
		×	5	2

	천	백	십	일
③			3	5
		×	3	8

	천	백	십	일
⑥			3	7
		×	5	3

	천	백	십	일
⑨			6	2
		×	9	4

21 올림이 여러 번 있는 두 자리 수의 곱셈 한 번 더!

목표 시간 4분

곱셈을 하세요.

	천	백	십	일
①			1	8
		×	5	4
②			2	4
		×	3	9
③			4	5
		×	2	6
④			3	7
		×	2	8
⑤			2	6
		×	4	5
⑥			7	1
		×	3	6
⑦			3	2
		×	8	5
⑧			6	4
		×	7	3
⑨			5	6
		×	7	3

올림에 주의하면서 계산하면 문제없어요.

※ 곱셈을 하세요.

①
```
    2 5
  × 2 8
```

⑤
```
    4 8
  × 2 3
```

⑨
```
    6 7
  × 4 8
```

친구들이 자주 틀리는 문제

②
```
    5 1
  × 3 6
```

⑥
```
    3 7
  × 4 5
```

⑩
```
    8 6
  × 6 9
```

③
```
    1 6
  × 9 4
```

⑦
```
    4 4
  × 4 4
```

④
```
    5 3
  × 2 8
```

⑧
```
    6 6
  × 7 7
```

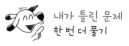

내가 틀린 문제
한 번 더 풀기

```
  ×
───────
```

22 올림이 여러 번 있는 가로셈은 세로셈으로 풀자

❀ 세로셈으로 나타내고 곱셈을 하세요.

① 18×23

같은 자리 수끼리
줄을 맞춰 써 보세요.
세로셈으로 계산하면
계산이 더 쉬워져요.

④ 43×45

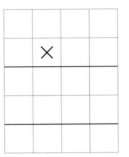

⑦ 23×64

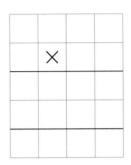

② 36×27

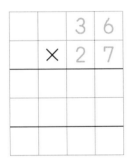

⑤ 62×54

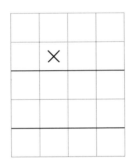

⑧ 39×52

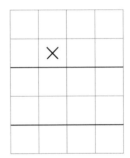

③ 48×32

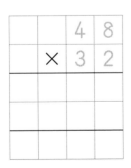

⑥ 76×42

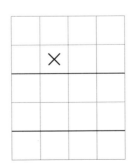

⑨ 84×37

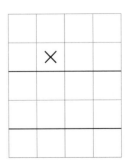

✿ 곱셈을 하세요.

① $16 \times 42 =$

가로셈을 세로셈으로 바꾸어 차근차근 풀어 보세요.

⑥ $72 \times 48 =$

② $28 \times 23 =$

⑦ $34 \times 43 =$

③ $35 \times 27 =$

⑧ $29 \times 94 =$

④ $41 \times 47 =$

⑨ $56 \times 45 =$

⑤ $64 \times 32 =$

⑩ $38 \times 74 =$

23 올림이 여러 번 있는 두 자리 수의 곱셈 집중 연습

✂ 곱셈을 하세요.

①
```
    2 5
  × 7 3
```

⑤
```
    4 2
  × 9 3
```

②
```
    1 6
  × 9 4
```

⑥
```
    5 8
  × 3 7
```

③
```
    3 8
  × 5 2
```

⑦
```
    7 4
  × 3 9
```

④
```
    6 2
  × 4 3
```

⑧
```
    8 2
  × 7 5
```

앗! 실수

친구들이 자주 틀리는 문제

⑨
```
    3 7
  × 6 9
```

⑩
```
    6 8
  × 9 7
```

⑪
```
    8 9
  × 4 6
```

내가 틀린 문제
한 번 더 풀기

```
  ×
  _____
```

✂ 빈칸에 알맞은 수를 써넣으세요.

1

18	47
26	23

↓ ⊗

18×26

화살표 방향으로 두 수의 곱을 구해 보세요.

2

31	52
74	64

↓ ⊗

4

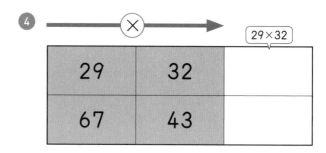

29	32	
67	43	

→ ⊗ → 29×32

3

53	96
75	48

↓ ⊗

5

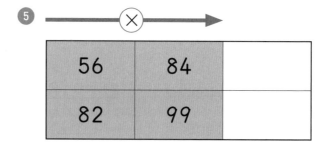

56	84	
82	99	

→ ⊗ →

목표 시간
3분

✂ 그림을 보고 ☐ 안에 알맞은 수나 말을 써넣으세요.

1

주연이는 '별주부전' 책을 도서관에서 빌렸습니다.

하루에 8쪽씩 읽는다면 2주 동안에는 모두

☐ 쪽을 읽을 수 있습니다.

> 1주일은 7일이에요.

2

알뜰 시장에서 한 통에 24개씩 들어 있는 머리끈을

팔고 있습니다. 머리끈 한 개의 가격이 50원이라면

머리끈 한 통의 가격은 ☐ 원입니다.

3

준서는 매일 65번씩 줄넘기를 하였습니다.

준서가 3월 한 달 동안 줄넘기를 한 횟수는 모두

☐ 번 입니다.

4

난 15분씩 17일 동안 달렸어!

난 20분씩 13일 동안 달렸어!

연수

슬기

연수는 매일 15분씩 17일 동안 달렸고 슬기는

매일 20분씩 13일 동안 달렸습니다.

☐ 가 ☐ 분 더 많이 달렸습니다.

곱셈 나라의 택배 상자에는 집 주소의 호수가 곱셈식으로 표시되어 있습니다. 택배 상자와 배달해야 할 집을 선으로 잇고, 남은 택배를 받을 집의 호수를 문에 써넣으세요.

①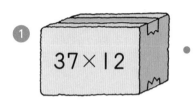

37×12

②

13×38

③

18×23

④

16×19

우리 집 호수는 몇 호일까요?

60

셋째
마당

나눗셈

교과서 2. 나눗셈

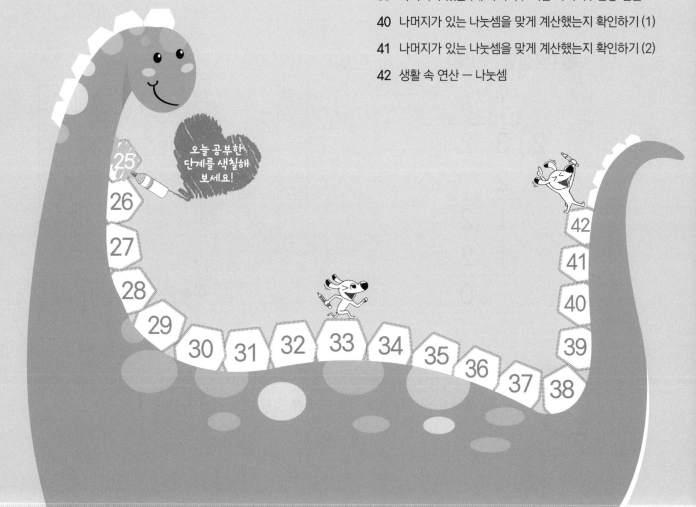

오늘 공부한 단계를 색칠해 보세요!

25
26
27
28
29 30 31 32 33 34 35 36 37 38
39
40
41
42

💡 바빠 개념 쏙쏙!

☆ (몇십)÷(몇)

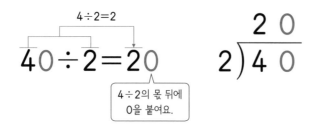

$$4 \div 2 = 2$$

$$40 \div 2 = 20$$

4÷2의 몫 뒤에 0을 붙여요.

$2 \overline{)40}$ → 2 0

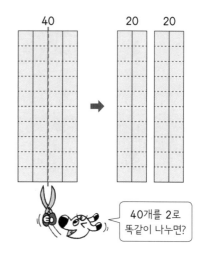

40개를 2로 똑같이 나누면?

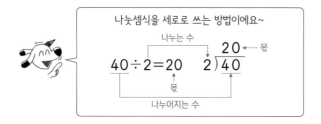

나눗셈식을 세로로 쓰는 방법이에요~

$$40 \div 2 = 20 \quad 2\overline{)40}$$

나누는 수 ← 몫
나누어지는 수 몫

☆ (몇십몇)÷(몇)

$2\overline{)32}$

1 6
2)3 2
  2   ← 2×1
  1 2
  1 2   ← 2×6
      0

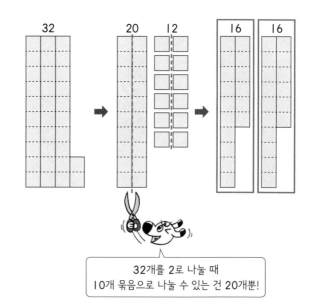

32개를 2로 나눌 때
10개 묶음으로 나눌 수 있는 건 20개뿐!

잠깐! 퀴즈

나눗셈식 60÷3을 세로로 바르게 쓴 것은 어느 것일까요?

① $3\overline{)60}$ ② $60\overline{)3}$

❀ 나눗셈을 하세요.

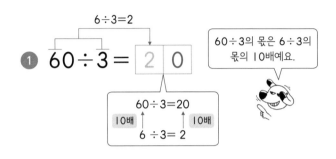

1 60÷3 = [2][0]

2 40÷4 = [ ][ ]

3 80÷4 = [ ][ ]

4 50÷5 = [ ][ ]

5 90÷3 = [ ][ ]

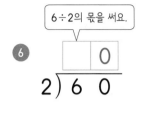

6
```
    [ ][0]
2) 6  0
```

7
```
   [ ][ ]
3) 3  0
```

8
```
   [ ][ ]
7) 7  0
```

9
```
   [ ][ ]
2) 8  0
```

10
```
   [ ][ ]
9) 9  0
```

목표 시간
2분

�֎ 나눗셈을 하세요.

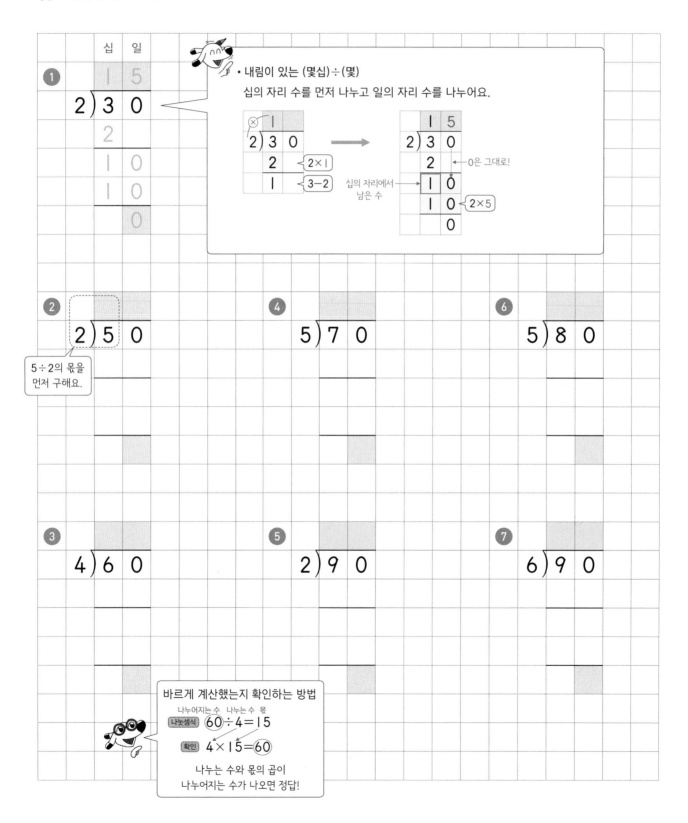

26 높은 자리부터 순서대로 나누자

❀ 나눗셈을 하세요.

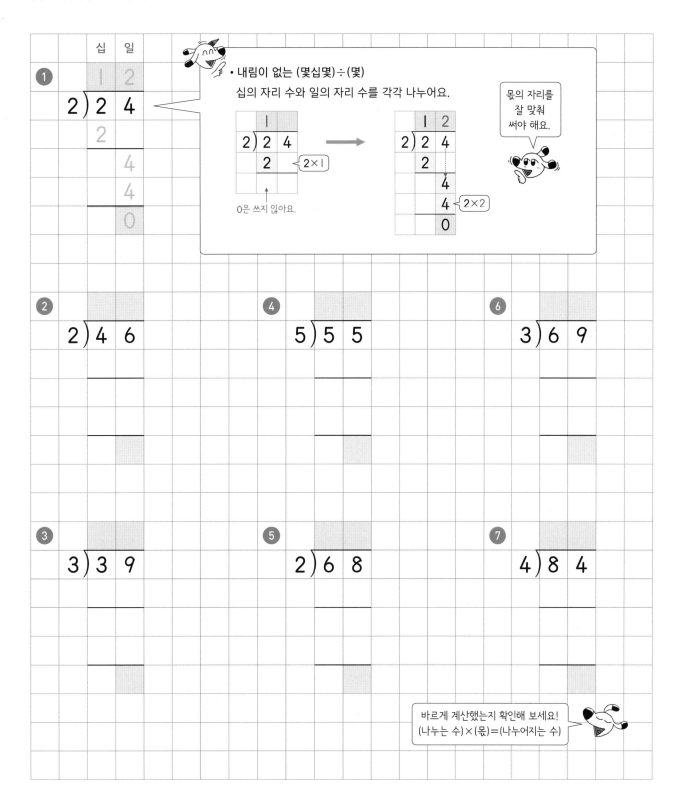

• 내림이 없는 (몇십몇)÷(몇)

십의 자리 수와 일의 자리 수를 각각 나누어요.

0은 쓰지 않아요.

2×1

1 2
2) 2 4
    2
    4
    4   2×2
    0

몫의 자리를 잘 맞춰 써야 해요.

①
      십 일
      1   2
    2) 2   4
       2
          4
          4
          0

② 2) 4 6

③ 3) 3 9

④ 5) 5 5

⑤ 2) 6 8

⑥ 3) 6 9

⑦ 4) 8 4

바르게 계산했는지 확인해 보세요!
(나누는 수)×(몫)=(나누어지는 수)

❀ 나눗셈을 하세요.

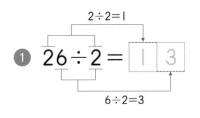

① 26÷2 = ☐ ☐

곱셈은 일의 자리 먼저,
나눗셈은 십의 자리를
먼저 계산해요.

② 36÷3 = ☐☐

③ 42÷2 =

④ 66÷6 =

⑤ 48÷4 =

⑥ 77÷7 =

⑦ 63÷3 =

⑧ 88÷4 =

⑨ 64÷2 =

⑩ 93÷3 =

⑪ 82÷2 =

내가 틀린 문제
한 번 더 풀기

☐ ÷ ☐ = ☐

66

 **27** 십의 자리에서 남은 수는 일의 자리 수와 합쳐서 나누자

✖ 나눗셈을 하세요.

①

```
       십  일
        1  7
   2 ) 3  4
       2
       1  4
       1  4
          0
```

> 십의 자리를 계산하고
> 남은 1과 일의 자리 수
> 4를 합친 14를
> 2로 나눠요.

④

```
   4 ) 6  8
```

⑦

```
   5 ) 7  0
```

②

```
   2 ) 5  6
```

⑤

```
   3 ) 7  5
```

⑧

```
   2 ) 7  6
```

③

```
   3 ) 4  5
```

⑥

```
   6 ) 7  2
```

⑨

```
   7 ) 9  1
```

목표 시간
3분

🔧 나눗셈을 하세요.

묶이 바로 구해지지 않는 문제는
☆ 표시를 하고 한 번 더 풀어 보세요.

	십	일
❶	3)4 8

	십	일
❹	4)7 2

	십	일
❼	2)5 4

	십	일
❷	4)5 2

	십	일
❺	3)5 4

	십	일
❽	3)8 7

	십	일
❸	5)7 5

	십	일
❻	6)7 8

	십	일
❾	4)9 6

28 내림이 있는 (몇십몇)÷(몇) 한 번 더!

❈ 나눗셈을 하세요.

① 2)5 2

② 5)6 5

③ 3)7 8

④ 4)7 6

⑤ 3)5 1

⑥ 2)3 8

⑦ 4)6 4

⑧ 3)8 1

⑨ 4)9 2

⑩ 6)8 4

⑪ 2)9 4

⑫ 8)9 6

❋ 나눗셈을 하세요.

① 36÷2 =

세로셈으로
바꾸어 풀면
계산이 정확해져요.

② 42÷3 =

③ 58÷2 =

④ 56÷4 =

⑤ 72÷3 =

⑥ 85÷5 =

⑦ 74÷2 =

⑧ 95÷5 =

⑨ 84÷7 =

⑩ 96÷6 =

⑪ 84÷3 =

⑫ 98÷7 =

나머지는 나누는 수보다 항상 작아~

✳ 나눗셈을 하세요.

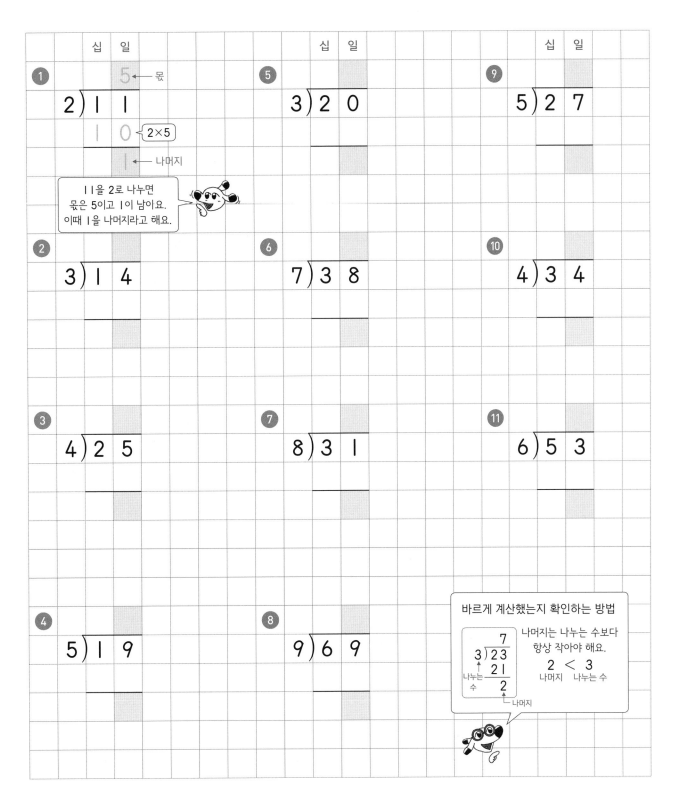

십 일

①
$$2\overline{)1\ 1}$$
5 ← 몫
1 0 ← 2×5
1 ← 나머지

11을 2로 나누면
몫은 5이고 1이 남아요.
이때 1을 나머지라고 해요.

②
$$3\overline{)1\ 4}$$

③
$$4\overline{)2\ 5}$$

④
$$5\overline{)1\ 9}$$

십 일

⑤
$$3\overline{)2\ 0}$$

⑥
$$7\overline{)3\ 8}$$

⑦
$$8\overline{)3\ 1}$$

⑧
$$9\overline{)6\ 9}$$

십 일

⑨
$$5\overline{)2\ 7}$$

⑩
$$4\overline{)3\ 4}$$

⑪
$$6\overline{)5\ 3}$$

바르게 계산했는지 확인하는 방법

$$3\overline{)2\ 3}$$
7
21
2

나누는 수
나머지

나머지는 나누는 수보다
항상 작아야 해요.
2 < 3
나머지   나누는 수

71

※ 나눗셈을 하세요.

(십 일)

① $3\overline{)16}$

② $2\overline{)15}$

③ $5\overline{)32}$

④ $6\overline{)34}$

⑤ $4\overline{)30}$

⑥ $7\overline{)41}$

⑦ $6\overline{)50}$

⑧ $8\overline{)46}$

⑨ $7\overline{)61}$

⑩ $5\overline{)24}$

⑪ $8\overline{)59}$

⑫ $9\overline{)78}$

어려운 문제는 ☆ 표시를 하고
한 번 더 풀어 보세요.

몫과 나머지를 구하자

🌸 나눗셈을 하고 몫과 나머지를 쓰세요.

1

$$2)\overline{17}$$
$$\underline{16}$$
$$1$$

몫: _____, 나머지: _____

4

$$5)\overline{28}$$

몫: _____, 나머지: _____

7

$$6)\overline{39}$$

몫: _____, 나머지: _____

2

$$3)\overline{22}$$

몫: _____, 나머지: _____

> 나머지가 나누는 수 3보다 작은지 확인해 봐요~

5

$$7)\overline{30}$$

몫: _____, 나머지: _____

8

$$9)\overline{41}$$

몫: _____, 나머지: _____

3

$$4)\overline{29}$$

몫: _____, 나머지: _____

6

$$8)\overline{52}$$

몫: _____, 나머지: _____

9

$$7)\overline{59}$$

몫: _____, 나머지: _____

✂ 나눗셈을 하세요.

① 13 ÷ 3 = □ … □
몫   나머지

몫은 … 앞에,
나머지는 … 뒤에
써야 해요.

② 15 ÷ 4 = □ … □

③ 26 ÷ 6 = □ … □

④ 33 ÷ 5 = □ … □

⑤ 37 ÷ 7 = □ … □

⑥ 40 ÷ 6 = □ … □

⑦ 50 ÷ 7 = □ … □

⑧ 57 ÷ 6 = □ … □

⑨ 62 ÷ 8 = □ … □

⑩ 68 ÷ 9 = □ … □

⑪ 71 ÷ 8 = □ … □

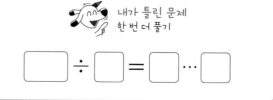

내가 틀린 문제
한 번 더 풀기

□ ÷ □ = □ … □

31 내림이 있고 나머지가 있는 (몇십몇)÷(몇) (1)

목표 시간 3분

나눗셈을 하세요.

• 내림과 나머지가 있는 (몇십몇)÷(몇)

십의 자리 몫을 구한 다음 남은 수를 일의 자리 수와 합쳐서 일의 자리 몫을 구해요. 나머지가 나누는 수보다 작은지 확인해요.

$$\begin{array}{r} 1 \\ 2\,)\overline{37} \\ 2 \\ \hline 1 \end{array} \quad (2\times 1) \quad \longrightarrow \quad \begin{array}{r} 18 \\ 2\,)\overline{37} \\ 2 \\ \hline 17 \\ 16 \\ \hline 1 \end{array}$$

십의 자리에서 남은 수: 1

2×8

나머지 1 < 나누는 수 2

① (십, 일)

$$\begin{array}{r} 18 \\ 2\,)\overline{37} \\ 2 \\ \hline 17 \\ 16 \\ \hline 1 \end{array}$$

나머지 1이 나누는 수 2보다 작아야 해요.

② $3\,)\overline{74}$

③ $4\,)\overline{61}$

④ $5\,)\overline{67}$

⑤ $6\,)\overline{79}$

⑥ $7\,)\overline{88}$

⑦ $8\,)\overline{94}$

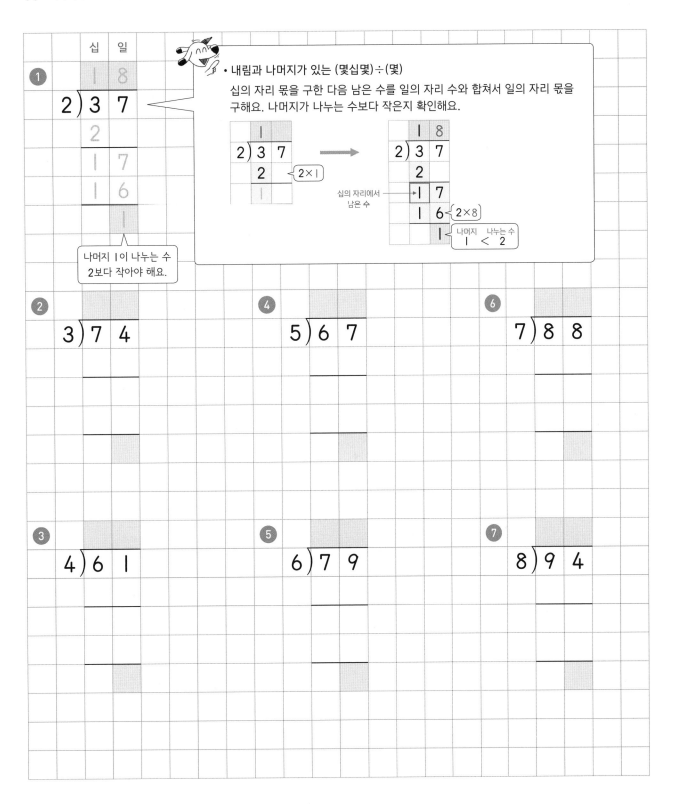

�֍ 나눗셈을 하세요.

①

	십	일

$$3 \overline{\smash{)}46}$$

②

$$2 \overline{\smash{)}59}$$

③

$$4 \overline{\smash{)}65}$$

④

	십	일

$$5 \overline{\smash{)}72}$$

⑤

$$3 \overline{\smash{)}82}$$

⑥

$$4 \overline{\smash{)}74}$$

⑦

	십	일

$$2 \overline{\smash{)}93}$$

⑧

$$5 \overline{\smash{)}86}$$

친구들이 자주 틀리는 문제!

앗! 실수

⑨

$$7 \overline{\smash{)}80}$$

일의 자리 수 0을
내려 쓰는 것을
잊지 마세요.

32 내림이 있고 나머지가 있는 (몇십몇)÷(몇) (2)

목표 시간 4분

나눗셈을 하고 몫과 나머지를 쓰세요.

1. $2\overline{)\,35}$

   몫: ______, 나머지: ______

2. $3\overline{)\,50}$

   몫: ______, 나머지: ______

3. $4\overline{)\,53}$

   몫: ______, 나머지: ______

4. $3\overline{)\,77}$

   몫: ______, 나머지: ______

5. $6\overline{)\,82}$

   몫: ______, 나머지: ______

6. $5\overline{)\,78}$

   몫: ______, 나머지: ______

7. $6\overline{)\,94}$

   몫: ______, 나머지: ______

8. $7\overline{)\,89}$

   몫: ______, 나머지: ______

9. $8\overline{)\,90}$

   몫: ______, 나머지: ______

목표 시간 **4분**

❀ 나눗셈을 하세요.

① 41 ÷ 3 = ⬜ 몫 ··· ⬜ 나머지

세로셈으로 바꾸어
차근차근 풀어 봐요.

⑥ 59 ÷ 4 = ⬜ ··· ⬜

② 73 ÷ 2 = ⬜ ··· ⬜

⑦ 81 ÷ 7 = ⬜ ··· ⬜

③ 62 ÷ 4 = ⬜ ··· ⬜

⑧ 88 ÷ 6 = ⬜ ··· ⬜

④ 84 ÷ 5 = ⬜ ··· ⬜

⑨ 93 ÷ 8 = ⬜ ··· ⬜

⑤ 79 ÷ 6 = ⬜ ··· ⬜

⑩ 90 ÷ 7 = ⬜ ··· ⬜

33 내림이 있고 나머지가 있는 (몇십몇)÷(몇) 집중 연습

✂ 나눗셈을 하세요.

앗! 실수
친구들이 자주 틀리는 문제

①
$3\overline{)44}$

⑤
$5\overline{)72}$

⑨
$6\overline{)80}$

②
$2\overline{)51}$

⑥
$4\overline{)78}$

⑩
$7\overline{)94}$

③
$4\overline{)67}$

⑦
$7\overline{)86}$

⑪
$8\overline{)98}$

내가 틀린 문제
한 번 더 풀기

$\overline{)}$

④
$3\overline{)74}$

⑧
$4\overline{)95}$

❀ 빈칸에 나눗셈의 몫을 쓰고 ◯ 안에 나머지를 써넣으세요.

①

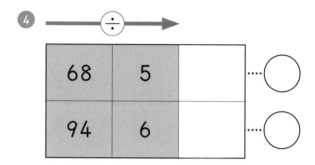

| 50 | 3 | |
| 61 | 4 | |

②

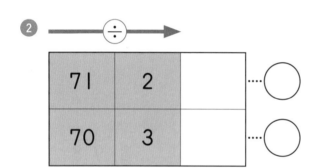

| 71 | 2 | |
| 70 | 3 | |

③

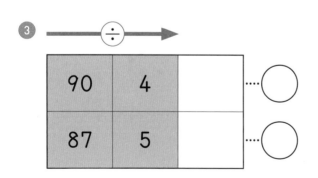

| 90 | 4 | |
| 87 | 5 | |

④

| 68 | 5 | |
| 94 | 6 | |

⑤

| 95 | 8 | |
| 83 | 7 | |

나눗셈을 하고 나서 나머지가
나누는 수보다 작은지 꼭 확인해 봐요.

34 몫이 세 자리 수인 (세 자리 수)÷(한 자리 수)

❀ 나눗셈을 하세요.

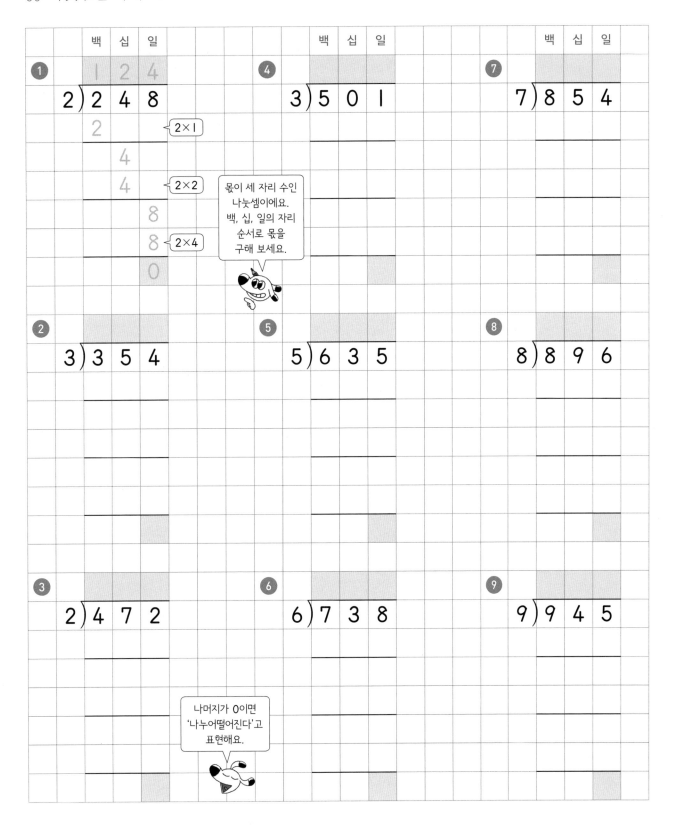

❀ 나눗셈을 하세요.

	백	십	일
① 3)3 7 2			

	백	십	일
④ 4)6 4 4			

	백	십	일
⑦ 6)8 2 2			

	백	십	일
② 4)5 9 6			

	백	십	일
⑤ 5)8 1 0			

	백	십	일
⑧ 8)9 8 4			

	백	십	일
③ 5)7 2 5			

	백	십	일
⑥ 7)8 6 8			

	백	십	일
⑨ 4)9 8 8			

35 몫이 두 자리 수인 (세 자리 수)÷(한 자리 수)

❀ 나눗셈을 하세요.

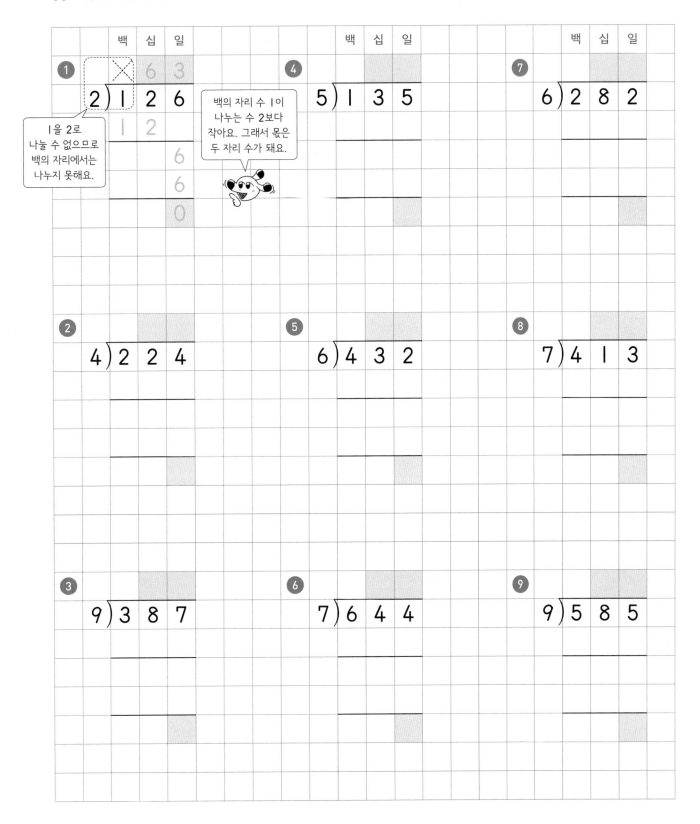

83

목표 시간 4분

❀ 나눗셈을 하세요.

		백	십	일

① 3)2 0 4

② 4)1 7 6

③ 2)1 5 8

④ 5)4 3 5

⑤ 6)3 7 2

⑥ 7)2 3 8

⑦ 7)5 8 1

⑧ 8)6 0 0

⑨ 9)6 0 3

84

36 (세 자리 수)÷(한 자리 수) 집중 연습

✂ 나눗셈을 하세요.

① 6)978

② 4)944

③ 7)805

④ 3)132

나누어지는 수의
백의 자리 수 1이
나누는 수 3보다 작으므로
몫은 두 자리 수!

⑤ 5)335

⑥ 6)234

⑦ 7)665

⑧ 8)608

앗! 실수
친구들이 자주 틀리는 문제

⑨ 3)738

⑩ 9)702

⑪ 4)900

내가 틀린 문제
한 번 더 풀기

)

목표 시간 6분

❀ 나눗셈을 하세요.

세로셈으로 바꾸어 차근차근 풀어 봐요.

① 348÷3=

② 725÷5=

③ 810÷6=

④ 605÷5=

⑤ 861÷7=

⑥ 984÷4=

⑦ 132÷2=

⑧ 296÷4=

⑨ 576÷6=

⑩ 434÷7=

⑪ 477÷9=

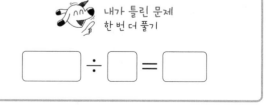

내가 틀린 문제 한 번 더 풀기

☐ ÷ ☐ = ☐

37 나머지가 있는 (세 자리 수)÷(한 자리 수) (1)

✼ 나눗셈을 하세요.

백→십→일 순서로
몫을 구해요.

	백	십	일
❶	1	2	1

2) 2 4 3
2÷2   2
       4
       4
         3
         2
         1

❹

5) 6 8 2

❼

4) 9 3 4

❷

3) 5 1 8

❺

3) 7 1 3

❽

7) 8 6 5

❸

4) 6 5 7

❻

6) 8 4 1

❾

8) 9 7 4

남은 1은 6으로
나눌 수 없으므로 몫의
일의 자리 수는 0이에요.

목표 시간 4분

✂ 나눗셈을 하세요.

	백	십	일
①	2)5	1	7

	백	십	일
④	6)7	8	9

	백	십	일
⑦	3)8	5	4

	백	십	일
②	2)9	3	1

	백	십	일
⑤	5)6	3	9

	백	십	일
⑧	4)9	8	7

	백	십	일
③	3)4	7	3

	백	십	일
⑥	8)9	4	6

	백	십	일
⑨	4)7	1	0

38 나머지가 있는 (세 자리 수)÷(한 자리 수) (2)

❀ 나눗셈을 하세요.

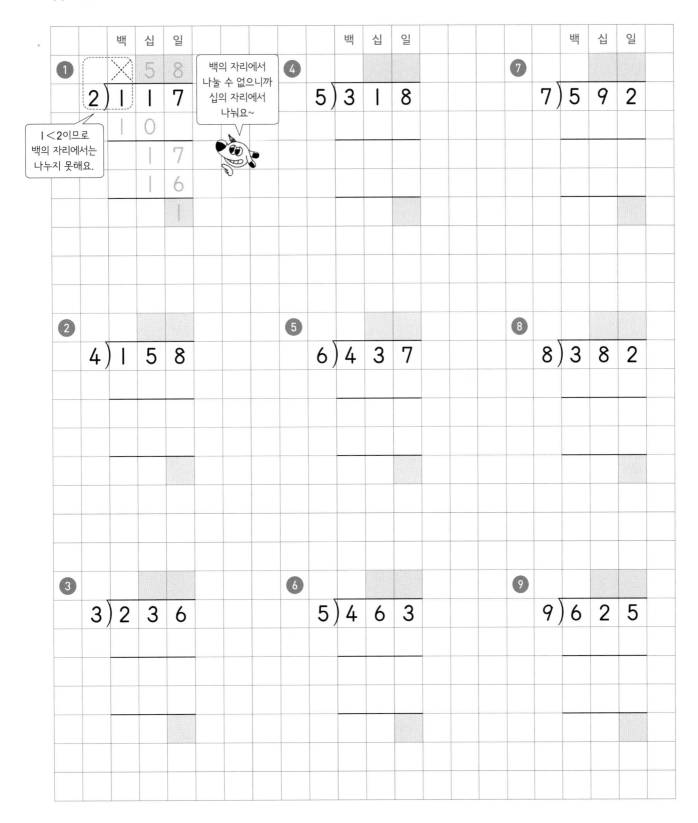

①

	백	십	일
	×	5	8

2) 1 1 7
　　1 0
　　　1 7
　　　1 6
　　　　1

1<2이므로 백의 자리에서는 나누지 못해요.

백의 자리에서 나눌 수 없으니까 십의 자리에서 나눠요~

② 4) 1 5 8

③ 3) 2 3 6

④ 5) 3 1 8

⑤ 6) 4 3 7

⑥ 5) 4 6 3

⑦ 7) 5 9 2

⑧ 8) 3 8 2

⑨ 9) 6 2 5

✿ 나눗셈을 하세요.

	백	십	일
①			

$3\overline{)2\ 0\ 3}$

	백	십	일
④			

$5\overline{)2\ 6\ 4}$

	백	십	일
⑦			

$4\overline{)3\ 0\ 3}$

친구들이 자주 틀리는 문제! 앗! 실수

② $4\overline{)1\ 7\ 5}$

⑤ $6\overline{)2\ 5\ 4}$

⑧ $7\overline{)6\ 0\ 0}$

③ $7\overline{)3\ 9\ 8}$

⑥ $4\overline{)3\ 7\ 9}$

⑨ $8\overline{)5\ 5\ 5}$

39 나머지가 있는 (세 자리 수) ÷ (한 자리 수) 집중 연습

✂ 나눗셈을 하세요.

1

2) 5 1 1

5

5) 4 3 7

기억하고 있죠?
나머지는 나누는 수보다
항상 작아야 해요.

2

4) 5 7 8

6

6) 3 9 9

3

6) 6 1 6

7

9) 5 0 1

4

4) 9 4 1

8

8) 6 1 0

앗! 실수
친구들이 자주 틀리는 문제

9

7) 4 0 0

10

3) 5 0 0

11

6) 7 0 7

내가 틀린 문제
한 번 더 풀기

)

91

목표 시간
6분

❀ 나눗셈을 하세요.

① $473 \div 3 =$

구한 나머지가
나누는 수보다 작은지
꼭 확인해 보세요.

② $632 \div 5 =$

③ $987 \div 9 =$

④ $545 \div 4 =$

⑤ $764 \div 3 =$

⑥ $856 \div 6 =$

⑦ $173 \div 2 =$

⑧ $294 \div 4 =$

⑨ $328 \div 6 =$

⑩ $451 \div 7 =$

⑪ $606 \div 8 =$

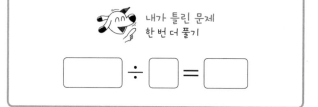

내가 틀린 문제
한 번 더 풀기

$$\boxed{} \div \boxed{} = \boxed{}$$

✂ 나눗셈을 하고 계산이 맞는지 확인하세요.

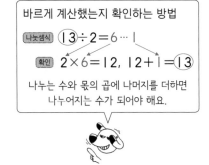

바르게 계산했는지 확인하는 방법

나눗셈식 $13 \div 2 = 6 \cdots 1$

확인 $2 \times 6 = 12$, $12 + 1 = 13$

나누는 수와 몫의 곱에 나머지를 더하면 나누어지는 수가 되어야 해요.

①

$2 \overline{)1\ 3}$

확인 $2 \times 6 = 12$,

$12 + 1 = 13$

확인한 결과가 나누어지는 수가 되어야 해요.

④

$3 \overline{)2\ 2}$

확인 _____ ,

_____

②

$4 \overline{)3\ 1}$

확인 _____ ,

_____

⑤

$5 \overline{)3\ 4}$

확인 _____ ,

_____

⑦

$6 \overline{)1\ 0\ 7}$

확인 _____ ,

_____

③

$5 \overline{)3\ 8}$

확인 _____ ,

_____

⑥

$7 \overline{)6\ 5}$

확인 _____ ,

_____

⑧

$8 \overline{)1\ 7\ 9}$

확인 _____ ,

_____

❀ 나눗셈을 하고 계산이 맞는지 확인하세요.

나누어
지는 수   나누는 수   몫   나머지

① $17 \div 4 = \boxed{} \cdots \boxed{}$

확인 _____ ,

_____

나누는 수와 몫의 곱에
나머지를 더하면
나누어지는 수가 되어야 해요.

② $53 \div 8 = \boxed{} \cdots \boxed{}$

확인 _____ ,

_____

③ $32 \div 5 = \boxed{} \cdots \boxed{}$

확인 _____ ,

_____

④ $68 \div 9 = \boxed{} \cdots \boxed{}$

확인 _____ ,

_____

⑤ $45 \div 7 = \boxed{} \cdots \boxed{}$

확인 _____ ,

_____

⑥ $29 \div 5 = \boxed{} \cdots \boxed{}$

확인 _____ ,

_____

⑦ $114 \div 9 = \boxed{} \cdots \boxed{}$

확인 _____ ,

_____

⑧ $257 \div 6 = \boxed{} \cdots \boxed{}$

확인 _____ ,

_____

❈ 나눗셈을 하고 계산이 맞는지 확인하세요.

①
$$3\overline{)3\ 4}$$

확인  3×11=33 ,

33+1=34

시간이 걸리더라도 계산이 맞았는지
확인하는 습관이 매우 중요해요!

②
$$4\overline{)5\ 5}$$

확인 _____ ,

_____

③
$$5\overline{)8\ 3}$$

확인 _____ ,

_____

④
$$6\overline{)7\ 7}$$

확인 _____ ,

_____

⑤
$$3\overline{)8\ 6}$$

확인 _____ ,

_____

⑥
$$7\overline{)9\ 4}$$

확인 _____ ,

_____

⑦
$$8\overline{)9\ 2}$$

확인 _____ ,

_____

⑧
$$3\overline{)3\ 4\ 1}$$

확인 _____ ,

_____

⑨
$$5\overline{)6\ 2\ 3}$$

확인 _____ ,

_____

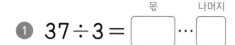 나눗셈을 하고 계산이 맞는지 확인하세요.

1 37 ÷ 3 = ☐(몫) … ☐(나머지)

확인 ＿＿＿＿＿＿＿＿＿＿＿＿ ,

＿＿＿＿＿＿＿＿＿＿＿＿

2 75 ÷ 4 = ☐ … ☐

확인 ＿＿＿＿＿＿＿＿＿＿＿＿ ,

＿＿＿＿＿＿＿＿＿＿＿＿

3 53 ÷ 2 = ☐ … ☐

확인 ＿＿＿＿＿＿＿＿＿＿＿＿ ,

＿＿＿＿＿＿＿＿＿＿＿＿

4 69 ÷ 5 = ☐ … ☐

확인 ＿＿＿＿＿＿＿＿＿＿＿＿ ,

＿＿＿＿＿＿＿＿＿＿＿＿

5 88 ÷ 6 = ☐ … ☐

확인 ＿＿＿＿＿＿＿＿＿＿＿＿ ,

＿＿＿＿＿＿＿＿＿＿＿＿

6 97 ÷ 4 = ☐ … ☐

확인 ＿＿＿＿＿＿＿＿＿＿＿＿ ,

＿＿＿＿＿＿＿＿＿＿＿＿

7 590 ÷ 4 = ☐ … ☐

확인 ＿＿＿＿＿＿＿＿＿＿＿＿ ,

＿＿＿＿＿＿＿＿＿＿＿＿

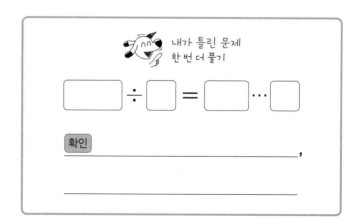

내가 틀린 문제 한 번 더 풀기

☐ ÷ ☐ = ☐ … ☐

확인 ＿＿＿＿＿＿＿＿＿＿＿＿ ,

＿＿＿＿＿＿＿＿＿＿＿＿

42 생활 속 연산 — 나눗셈

❀ 그림을 보고 ☐ 안에 알맞은 수를 써넣으세요.

①

지우는 84쪽짜리 동화책을 하루에 6쪽씩 읽으려고

합니다. 동화책을 다 읽으려면 ☐ 일이 걸립니다.

②

옥수수 94개를 4상자에 똑같이 나누어 담고,

남은 옥수수는 쪄 먹었습니다.

쪄 먹은 옥수수는 ☐ 개입니다.

③

승기네 학교 학생 304명이 8대의 버스에 똑같이 나누어

타고 체험 학습을 가려고 합니다.

버스 한 대에는 ☐ 명씩 탈 수 있습니다.

④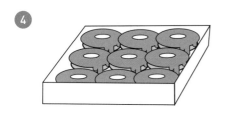

제과점에서 도넛 379개를 한 상자에 9개씩 똑같이

나누어 담았습니다.

상자는 모두 ☐ 상자이고 도넛은 ☐ 개 남습니다.

❀ 바빠독 친구들의 사물함입니다. 사물함의 비밀번호는 사물함에 적힌 나눗셈의 몫과 나머지를 앞에서부터 차례로 이어 쓰면 알 수 있어요. 빈칸에 알맞은 수를 써넣어 비밀번호를 구하세요.

① 705 ÷ 2

몫   나머지

② 976 ÷ 3

③ 839 ÷ 4

④ 802 ÷ 5

넷째
마당

분수

교과서 4. 분수

오늘 공부한 단계를 색칠해 보세요!

43 44 45 46 47 48 49 50 51 52

바빠 개념 쏙쏙!

☆ 분수

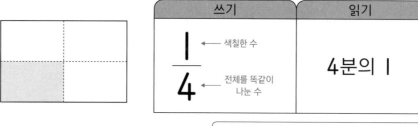

쓰기	읽기
$\dfrac{1}{4}$ ← 색칠한 수 ← 전체를 똑같이 나눈 수	4분의 1

분수는 전체가 아닌 부분을 수로 나타내기 위해 필요해요. 도화지 1장을 4등분한 것 중의 하나는 $\dfrac{1}{4}$장으로 나타낼 수 있어요~

☆ 10의 $\dfrac{1}{5}$만큼은 얼마인지 알기

10을 5묶음으로 똑같이 나눈 것 중의 1묶음은 2 ➡ 10의 $\dfrac{1}{5}$은 2

$\boxed{10 \div 5 = 2}$ $\boxed{2 \times 1}$

☆ 진분수, 가분수, 자연수, 대분수

분자가 분모보다 작으면 진짜 분수, 진분수~

- 진분수: 분자가 분모보다 작은 분수 예) $\dfrac{1}{3}$, $\dfrac{2}{3}$ ⌐ 3보다 작은 수

- 가분수: 분자가 분모와 같거나 분모보다 큰 분수 예) $\dfrac{3}{3}$, $\dfrac{4}{3}$ ⌐ 3과 같거나 3보다 큰 수

- 자연수: 1, 2, 3과 같은 수, 가분수 $\dfrac{3}{3}$은 자연수 1과 같아요.

- 대분수: 자연수와 진분수로 이루어진 분수

목표 시간
2분

🔧 색칠한 부분은 전체의 몇분의 몇인지 쓰고 읽으세요.

3학년 1학기에 배운 내용을 복습해요~

1

쓰기

$\dfrac{1}{2}$

읽기

2 분의 1

분자 ← 색칠한 부분의 수
분모 ← 전체를 똑같이 나눈 수

이분의 일과 같이 읽어요.

4

$\dfrac{\square}{\square}$

□ 분의 □

2

$\dfrac{\square}{\square}$

□ 분의 □

분모부터 읽어요.

5

$\dfrac{\square}{\square}$

□ 분의 □

3

$\dfrac{\square}{\square}$

□ 분의 □

6

$\dfrac{\square}{\square}$

□ 분의 □

❋ 설명하는 수만큼 색칠하고 분수로 나타내세요.

① $\dfrac{1}{3}$이 1개인 수

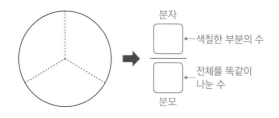

분자
└─ 색칠한 부분의 수

전체를 똑같이
나눈 수
분모

④ $\dfrac{1}{6}$이 4개인 수

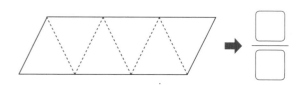

② $\dfrac{1}{5}$이 2개인 수

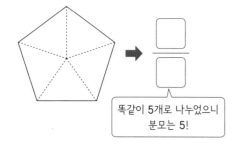

똑같이 5개로 나누었으니
분모는 5!

⑤ $\dfrac{1}{9}$이 7개인 수

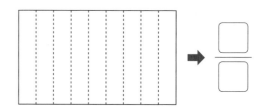

③ $\dfrac{1}{4}$이 3개인 수

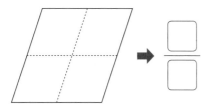

⑥ $\dfrac{1}{8}$이 5개인 수

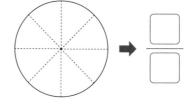

44 분수만큼은 얼마일까 (1)

✂ 그림을 보고 ☐ 안에 알맞은 수를 써넣으세요.

①

> 1묶음은 몇 개인지 세어 보세요.

1묶음

6을 3묶음으로 똑같이 나눈 것 중의

1묶음은 ☐입니다.

➡ 6의 $\frac{1}{3}$은 ☐입니다.

④

1묶음　　2묶음

6을 3묶음으로 똑같이 나눈 것 중의

2묶음은 ☐입니다.

➡ 6의 $\frac{2}{3}$는 ☐입니다.

②

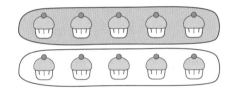

10을 2묶음으로 똑같이 나눈 것 중의

1묶음은 ☐입니다.

➡ 10의 $\frac{1}{2}$은 ☐입니다.

⑤

12를 3묶음으로 똑같이 나눈 것 중의

2묶음은 ☐입니다.

➡ 12의 $\frac{2}{3}$는 ☐입니다.

③

12를 4묶음으로 똑같이 나눈 것 중의

1묶음은 ☐입니다.

➡ 12의 $\frac{1}{4}$은 ☐입니다.

⑥

16을 4묶음으로 똑같이 나눈 것 중의

3묶음은 ☐입니다.

➡ 16의 $\frac{3}{4}$은 ☐입니다.

목표 시간 2분

❀ □ 안에 알맞은 수를 써넣으세요.

1 8의 $\frac{1}{4}$은 2 입니다.

> 8을 4묶음으로 똑같이 나눈 것 중의 1묶음이므로 8÷4와 같아요.

5 20의 $\frac{1}{4}$은 □ 입니다.

20의 $\frac{3}{4}$은 □ 입니다.

2 12의 $\frac{1}{6}$은 □ 입니다.

12÷6

6 18의 $\frac{1}{3}$은 □ 입니다.

18의 $\frac{2}{3}$는 □ 입니다.

3 15의 $\frac{1}{5}$은 3 입니다.

2배 　　2배

15의 $\frac{2}{5}$는 □ 입니다.

3×2

7 24의 $\frac{1}{8}$은 □ 입니다.

24의 $\frac{5}{8}$는 □ 입니다.

4 16의 $\frac{1}{8}$은 □ 입니다.

16의 $\frac{3}{8}$은 □ 입니다.

8 27의 $\frac{1}{9}$은 □ 입니다.

27의 $\frac{7}{9}$은 □ 입니다.

✂ □ 안에 알맞은 수를 써넣으세요.

① 10의 $\frac{1}{5}$ 은 $\boxed{}$ (2×1) 입니다.

10의 $\frac{2}{5}$ 는 $\boxed{}$ 입니다. (2×2)

(10÷5)

⑥ 18의 $\frac{1}{9}$ 은 $\boxed{}$ 입니다.

18의 $\frac{7}{9}$ 은 $\boxed{}$ 입니다.

② 12의 $\frac{1}{4}$ 은 $\boxed{}$ 입니다.

12의 $\frac{3}{4}$ 은 $\boxed{}$ 입니다.

⑦ 28의 $\frac{1}{7}$ 은 $\boxed{}$ 입니다.

28의 $\frac{5}{7}$ 는 $\boxed{}$ 입니다.

③ 16의 $\frac{1}{4}$ 은 $\boxed{}$ 입니다.

16의 $\frac{3}{4}$ 은 $\boxed{}$ 입니다.

⑧ 30의 $\frac{1}{5}$ 은 $\boxed{}$ 입니다.

30의 $\frac{4}{5}$ 는 $\boxed{}$ 입니다.

④ 20의 $\frac{1}{5}$ 은 $\boxed{}$ 입니다.

20의 $\frac{2}{5}$ 는 $\boxed{}$ 입니다.

⑨ 36의 $\frac{1}{6}$ 은 $\boxed{}$ 입니다.

36의 $\frac{5}{6}$ 는 $\boxed{}$ 입니다.

⑤ 21의 $\frac{1}{7}$ 은 $\boxed{}$ 입니다.

21의 $\frac{4}{7}$ 는 $\boxed{}$ 입니다.

⑩ 40의 $\frac{1}{8}$ 은 $\boxed{}$ 입니다.

40의 $\frac{3}{8}$ 은 $\boxed{}$ 입니다.

목표 시간 **2분**

✿ 다음이 나타내는 수를 구하세요.

① $6의 \dfrac{1}{2}$ ➡ (　　　　　)

② $9의 \dfrac{1}{3}$ ➡ (　　　　　)

③ $14의 \dfrac{1}{7}$ ➡ (　　　　　)

④ $27의 \dfrac{1}{9}$ ➡ (　　　　　)

⑤ $20의 \dfrac{3}{5}$ ➡ (　　　　　)

⑥ $35의 \dfrac{2}{5}$ ➡ (　　　　　)

⑦ $16의 \dfrac{5}{8}$ ➡ (　　　　　)

⑧ $24의 \dfrac{5}{6}$ ➡ (　　　　　)

⑨ $36의 \dfrac{2}{9}$ ➡ (　　　　　)

⑩ $32의 \dfrac{3}{4}$ ➡ (　　　　　)

⑪ $48의 \dfrac{5}{8}$ ➡ (　　　　　)

⑫ $56의 \dfrac{4}{7}$ ➡ (　　　　　)

길이에 대한 분수만큼은 얼마일까

✂ 그림을 보고 □ 안에 알맞은 수를 써넣으세요.

1

전체를 4부분으로 나누었을 때
한 부분은 8÷4=2 (cm)예요.

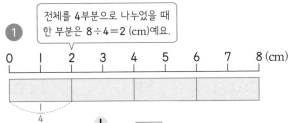

(1) 8 cm의 $\frac{1}{4}$은 2 cm입니다.

3배

(2) 8 cm의 $\frac{3}{4}$은 □ cm입니다.

4

(1) 30 cm의 $\frac{1}{6}$은 □ cm입니다.

(2) 30 cm의 $\frac{5}{6}$는 □ cm입니다.

2

15 cm의 $\frac{1}{5}$ 15 cm의 $\frac{4}{5}$

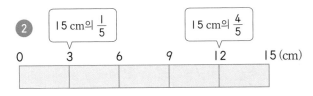

(1) 15 cm의 $\frac{1}{5}$은 □ cm입니다.

(2) 15 cm의 $\frac{4}{5}$는 □ cm입니다.

5

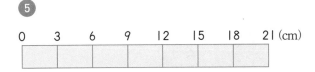

(1) 21 cm의 $\frac{1}{7}$은 □ cm입니다.

(2) 21 cm의 $\frac{6}{7}$은 □ cm입니다.

3

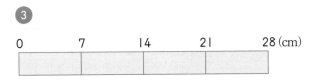

(1) 28 cm의 $\frac{1}{4}$은 □ cm입니다.

(2) 28 cm의 $\frac{3}{4}$은 □ cm입니다.

6

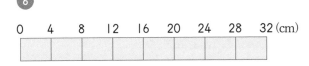

(1) 32 cm의 $\frac{1}{8}$은 □ cm입니다.

(2) 32 cm의 $\frac{5}{8}$는 □ cm입니다.

❀ 다음이 나타내는 수를 구하세요.

1 12 cm의 $\frac{1}{4}$ ➡ (   ) cm

2 18 cm의 $\frac{1}{3}$ ➡ (   ) cm

3 16 cm의 $\frac{1}{2}$ ➡ (   ) cm

4 25 cm의 $\frac{1}{5}$ ➡ (   ) cm

5 24 cm의 $\frac{1}{6}$ ➡ (   ) cm

6 35 cm의 $\frac{1}{7}$ ➡ (   ) cm

7 6 cm의 $\frac{2}{3}$ ➡ (   ) cm

8 20 cm의 $\frac{3}{4}$ ➡ (   ) cm

9 28 cm의 $\frac{2}{7}$ ➡ (   ) cm

10 16 cm의 $\frac{7}{8}$ ➡ (   ) cm

11 42 cm의 $\frac{5}{6}$ ➡ (   ) cm

12 27 cm의 $\frac{4}{9}$ ➡ (   ) cm

47 진분수, 가분수, 대분수

목표 시간 2분

※ 진분수는 '진', 가분수는 '가', 대분수는 '대'를 쓰세요.

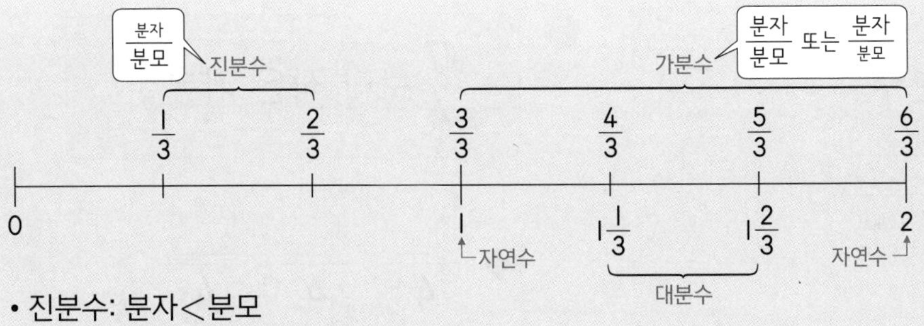

$1\frac{1}{3}$과 같은 대분수는 자연수(1)와 진분수($\frac{1}{3}$)로 이루어져 있어요.

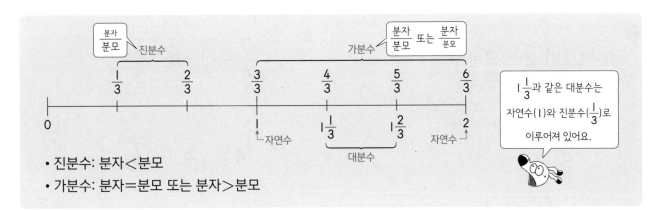

- 진분수: 분자<분모
- 가분수: 분자=분모 또는 분자>분모

1. 분모가 분자보다 더 커요~
   $\frac{1}{2}$ ➡ (　　)
2. 분자가 분모보다 더 커요~
   $\frac{7}{6}$ ➡ (　　)
3. 분자=분모
   $\frac{2}{2}$ ➡ (　　)
4. $\frac{2}{5}$ ➡ (　　)
5. $1\frac{3}{5}$ ➡ (　　)
6. $\frac{5}{4}$ ➡ (　　)
7. $\frac{2}{9}$ ➡ (　　)
8. $\frac{8}{5}$ ➡ (　　)
9. $\frac{11}{10}$ ➡ (　　)
10. $2\frac{3}{4}$ ➡ (　　)
11. $\frac{4}{7}$ ➡ (　　)
12. $4\frac{2}{3}$ ➡ (　　)

※ □ 안에 알맞은 수를 써넣으세요.

1 분모가 2인 진분수

➡ $\dfrac{\square}{2}$ 분모 2보다 작아야 해요~

2 분모가 3인 진분수

➡ $\dfrac{\square}{3}$, $\dfrac{\square}{3}$

3 분모가 4인 진분수

➡ $\square$, $\square$, $\square$

4 분모가 5인 진분수

➡ $\square$, $\square$, $\square$, $\square$

5 $\dfrac{7}{4}$ 보다 작은 가분수

➡ $\dfrac{\square}{4}$, $\dfrac{\square}{4}$, $\dfrac{\square}{4}$

6 $\dfrac{9}{5}$ 보다 작은 가분수

➡ $\dfrac{\square}{5}$, $\dfrac{\square}{5}$, $\dfrac{\square}{5}$, $\dfrac{\square}{5}$

7 $\dfrac{11}{8}$ 보다 작은 가분수

➡ $\dfrac{\square}{8}$, $\dfrac{\square}{8}$, $\dfrac{\square}{8}$

8 $\dfrac{13}{9}$ 보다 작은 가분수

➡ $\dfrac{\square}{9}$, $\dfrac{\square}{9}$, $\dfrac{\square}{9}$, $\dfrac{\square}{9}$

48 대분수를 가분수로 바꾸자

※ 대분수를 가분수로 나타내세요.

❷ 분자끼리 더하면?

1 $1\frac{1}{2}$ ➡ $\frac{2}{2}$와 $\frac{1}{2}$ ➡ $\frac{\boxed{}}{2}$

❶ 자연수 1을 분모가 2인 분수로 바꿔요.

7 $2\frac{3}{8}$ ➡ $\frac{\boxed{}}{\boxed{}}$

2 $2\frac{2}{3}$ ➡ $\frac{\boxed{}}{3}$과 $\frac{2}{3}$ ➡ $\frac{\boxed{}}{3}$

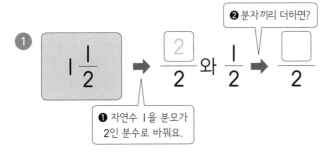

$2=\frac{6}{3}$

8 $1\frac{2}{9}$ ➡ $\frac{\boxed{}}{\boxed{}}$

3 $1\frac{3}{4}$ ➡ $\frac{\boxed{}}{4}$

9 $4\frac{3}{10}$ ➡ $\frac{\boxed{}}{\boxed{}}$

4 $2\frac{2}{5}$ ➡ $\frac{\boxed{}}{5}$

10 $1\frac{6}{11}$ ➡ $\frac{\boxed{}}{\boxed{}}$

5 $1\frac{5}{6}$ ➡ $\frac{\boxed{}}{6}$

11 $1\frac{1}{12}$ ➡ $\frac{\boxed{}}{\boxed{}}$

6 $3\frac{4}{7}$ ➡ $\frac{\boxed{}}{7}$

12 $2\frac{2}{15}$ ➡ $\frac{\boxed{}}{\boxed{}}$

목표 시간 **4분**

❀ 대분수를 가분수로 나타내세요.

1 $1\frac{1}{4}$ ➡ (   )

$1\frac{1}{4}=\frac{4}{4}+\frac{1}{4}$

2 $2\frac{4}{5}$ ➡ (   )

$2\frac{4}{5}=\frac{10}{5}+\frac{4}{5}$

3 $3\frac{1}{3}$ ➡ (   )

4 $5\frac{1}{2}$ ➡ (   )

5 $1\frac{7}{8}$ ➡ (   )

6 $5\frac{2}{3}$ ➡ (   )

7 $3\frac{3}{5}$ ➡ (   )

8 $4\frac{4}{9}$ ➡ (   )

9 $2\frac{6}{7}$ ➡ (   )

10 $1\frac{8}{9}$ ➡ (   )

11 $4\frac{1}{6}$ ➡ (   )

12 $1\frac{9}{11}$ ➡ (   )

가분수를 대분수로 바꾸자

✂ 가분수를 대분수로 나타내세요.

① $\dfrac{5}{2}$ ➡ 2 와 $\dfrac{\boxed{\ }}{2}$ ➡ $\boxed{\ }\dfrac{\boxed{\ }}{2}$

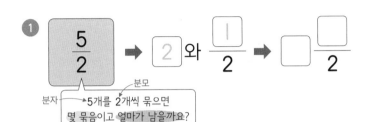

분자 ⟶ 분모

5개를 2개씩 묶으면
몇 묶음이고 얼마가 남을까요?
$5 \div 2 = 2 \cdots 1$

② $\dfrac{7}{3}$ ➡ $\boxed{\ }\dfrac{\boxed{\ }}{3}$

③ $\dfrac{9}{4}$ ➡ $\boxed{\ }\dfrac{\boxed{\ }}{4}$

④ $\dfrac{8}{5}$ ➡ $\boxed{\ }\dfrac{\boxed{\ }}{5}$

⑤ $\dfrac{15}{8}$ ➡ $\boxed{\ }\dfrac{\boxed{\ }}{8}$

⑥ $\dfrac{17}{9}$ ➡ $\boxed{\ }\dfrac{\boxed{\ }}{9}$

⑦ $\dfrac{10}{3}$ ➡ $\boxed{\ }\dfrac{\boxed{\ }}{\boxed{\ }}$

⑧ $\dfrac{12}{5}$ ➡ $\boxed{\ }\dfrac{\boxed{\ }}{\boxed{\ }}$

⑨ $\dfrac{13}{6}$ ➡ $\boxed{\ }\dfrac{\boxed{\ }}{\boxed{\ }}$

⑩ $\dfrac{19}{7}$ ➡ $\boxed{\ }\dfrac{\boxed{\ }}{\boxed{\ }}$

⑪ $\dfrac{21}{10}$ ➡ $\boxed{\ }\dfrac{\boxed{\ }}{\boxed{\ }}$

⑫ $\dfrac{24}{11}$ ➡ $\boxed{\ }\dfrac{\boxed{\ }}{\boxed{\ }}$

목표 시간
4분

※ 가분수를 대분수로 나타내세요.

1 $\dfrac{5}{3}$ ➡ (   )

$\dfrac{5}{3}$ ➡ $5 \div 3 = 1 \cdots 2$ ➡ $1\dfrac{2}{3}$

2 $\dfrac{15}{4}$ ➡ (   )

3 $\dfrac{13}{7}$ ➡ (   )

4 $\dfrac{13}{8}$ ➡ (   )

5 $\dfrac{14}{9}$ ➡ (   )

6 $\dfrac{19}{10}$ ➡ (   )

7 $\dfrac{24}{5}$ ➡ (   )

8 $\dfrac{13}{2}$ ➡ (   )

9 $\dfrac{25}{3}$ ➡ (   )

10 $\dfrac{31}{6}$ ➡ (   )

11 $\dfrac{20}{13}$ ➡ (   )

12 $\dfrac{23}{12}$ ➡ (   )

50 분모가 같은 분수의 크기를 비교하자

두 분수의 크기를 비교하여 ○ 안에 >, =, <를 알맞게 써넣으세요.

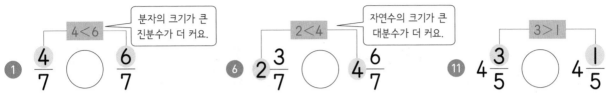

분자의 크기가 큰 진분수가 더 커요.

1 $\dfrac{4}{7}$ ○ $\dfrac{6}{7}$

자연수의 크기가 큰 대분수가 더 커요.

6 $2\dfrac{3}{7}$ ○ $4\dfrac{6}{7}$

11 $4\dfrac{3}{5}$ ○ $4\dfrac{1}{5}$

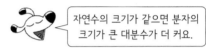

자연수의 크기가 같으면 분자의 크기가 큰 대분수가 더 커요.

2 $\dfrac{8}{9}$ ○ $\dfrac{5}{9}$

7 $2\dfrac{5}{6}$ ○ $1\dfrac{1}{6}$

12 $2\dfrac{4}{9}$ ○ $2\dfrac{7}{9}$

분자의 크기가 큰 가분수가 더 커요.

3 $\dfrac{7}{4}$ ○ $\dfrac{9}{4}$

8 $3\dfrac{2}{3}$ ○ $4\dfrac{1}{3}$

13 $5\dfrac{7}{8}$ ○ $5\dfrac{3}{8}$

4 $\dfrac{5}{3}$ ○ $\dfrac{7}{3}$

9 $6\dfrac{3}{5}$ ○ $5\dfrac{4}{5}$

14 $3\dfrac{4}{9}$ ○ $3\dfrac{5}{9}$

5 $\dfrac{9}{6}$ ○ $\dfrac{13}{6}$

10 $2\dfrac{3}{8}$ ○ $3\dfrac{1}{8}$

15 $6\dfrac{10}{11}$ ○ $6\dfrac{8}{11}$

대분수를 가분수로 나타내고 두 분수의 크기를 비교하세요.

가분수로 나타내요.

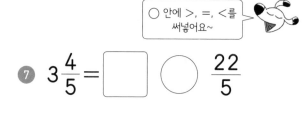
○ 안에 >, =, <를 써넣어요~

① $3\frac{2}{3} = \dfrac{\boxed{}}{3}$ ○ $\dfrac{13}{3}$

$3\frac{2}{3} = \dfrac{9}{3} + \dfrac{2}{3}$

② $3\frac{2}{4} = \dfrac{\boxed{}}{4}$ ○ $\dfrac{15}{4}$

$3\frac{2}{4} = \dfrac{12}{4} + \dfrac{2}{4}$

③ $1\frac{5}{8} = \dfrac{\boxed{}}{8}$ ○ $\dfrac{11}{8}$

④ $2\frac{5}{6} = \dfrac{\boxed{}}{6}$ ○ $\dfrac{19}{6}$

⑤ $1\frac{8}{9} = \dfrac{\boxed{}}{9}$ ○ $\dfrac{15}{9}$

⑥ $3\frac{2}{7} = \dfrac{\boxed{}}{7}$ ○ $\dfrac{22}{7}$

⑦ $3\frac{4}{5} = \boxed{}$ ○ $\dfrac{22}{5}$

⑧ $2\frac{3}{5} = \boxed{}$ ○ $\dfrac{12}{5}$

⑨ $4\frac{1}{7} = \boxed{}$ ○ $\dfrac{30}{7}$

⑩ $6\frac{1}{4} = \boxed{}$ ○ $\dfrac{27}{4}$

⑪ $2\frac{8}{11} = \boxed{}$ ○ $\dfrac{21}{11}$

⑫ $4\frac{3}{10} = \boxed{}$ ○ $\dfrac{41}{10}$

목표 시간 5분

❄ 가분수를 대분수로 나타내고 두 분수의 크기를 비교하세요.

○ 안에 >, =, <를 써넣어요~

대분수로 나타내요.

① $\dfrac{7}{2} = \boxed{}\dfrac{\boxed{}}{2}$ ◯ $2\dfrac{1}{2}$

$\dfrac{7}{2} \Rightarrow 7 \div 2 = 3 \cdots 1 \Rightarrow 3\dfrac{1}{2}$

⑦ $\dfrac{9}{4} = \boxed{}$ ◯ $2\dfrac{3}{4}$

② $\dfrac{22}{5} = \boxed{}\dfrac{\boxed{}}{5}$ ◯ $4\dfrac{3}{5}$

⑧ $\dfrac{14}{5} = \boxed{}$ ◯ $3\dfrac{2}{5}$

③ $\dfrac{9}{7} = \boxed{}\dfrac{\boxed{}}{7}$ ◯ $1\dfrac{2}{7}$

⑨ $\dfrac{16}{9} = \boxed{}$ ◯ $1\dfrac{5}{9}$

④ $\dfrac{14}{3} = \boxed{}\dfrac{\boxed{}}{3}$ ◯ $5\dfrac{1}{3}$

⑩ $\dfrac{25}{6} = \boxed{}$ ◯ $3\dfrac{5}{6}$

⑤ $\dfrac{19}{8} = \boxed{}\dfrac{\boxed{}}{8}$ ◯ $2\dfrac{1}{8}$

⑪ $\dfrac{29}{10} = \boxed{}$ ◯ $2\dfrac{7}{10}$

⑥ $\dfrac{27}{4} = \boxed{}\dfrac{\boxed{}}{4}$ ◯ $7\dfrac{1}{4}$

⑫ $\dfrac{28}{13} = \boxed{}$ ◯ $2\dfrac{4}{13}$

교과서에서는 분모가 같은 가분수와 대분수의 크기를
비교할 때 2가지 방법을 모두 연습합니다.

✳ 두 분수 중 더 큰 분수를 빈칸에 써넣으세요.

대분수를 가분수로 바꾸거나 가분수를 대분수로
바꾸어 비교해 보세요. 어떤 방법이 더 쉽나요?

1
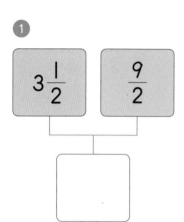

4
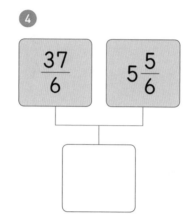

7
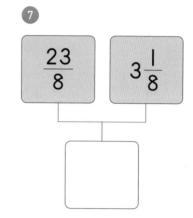

2
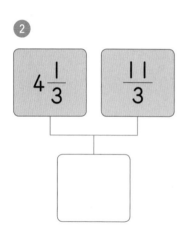

5
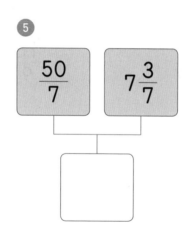

8
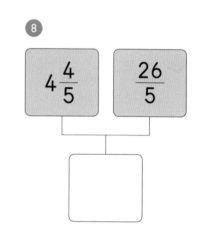

3
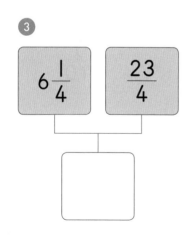

6
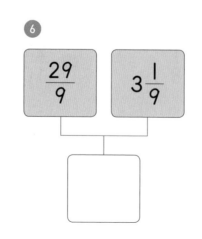

9
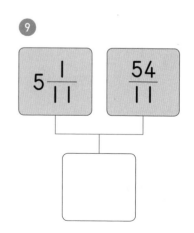

✂ 그림을 보고 ☐ 안에 알맞은 수나 말을 써넣으세요.

1 우리 반 학생은 28명입니다. 우리 반 학생의 $\frac{1}{4}$은 안경을 썼습니다. 우리 반 학생 중 안경을 쓴 학생은 ☐명입니다.

2  길이가 64 cm인 리본 테이프가 있습니다. 선물을 포장하는 데 리본 테이프의 $\frac{5}{8}$를 사용했습니다. 사용한 리본 테이프의 길이는 ☐ cm입니다.

3

빵 만드는 재료	
밀가루	$1\frac{5}{7}$컵
버터	$\frac{1}{3}$컵
우유	$\frac{5}{5}$컵
설탕	$\frac{3}{8}$컵

빵을 만드는 데 필요한 재료 중에서 필요한 양이 진분수인 재료는 ☐, ☐이고, 필요한 양이 가분수인 재료는 ☐, ☐입니다.

4  유진이와 지훈이가 제자리멀리뛰기를 했습니다. 유진이는 $\frac{8}{7}$ m, 지훈이는 $1\frac{2}{7}$ m를 뛰었습니다. 더 멀리 뛴 사람은 ☐입니다.

목표 시간
3분

수학 단서를 풀면 바빠독이 어떤 친구인지 알 수 있어요. 빈칸에 알맞은 수를 써넣어 소개글을 완성하세요.

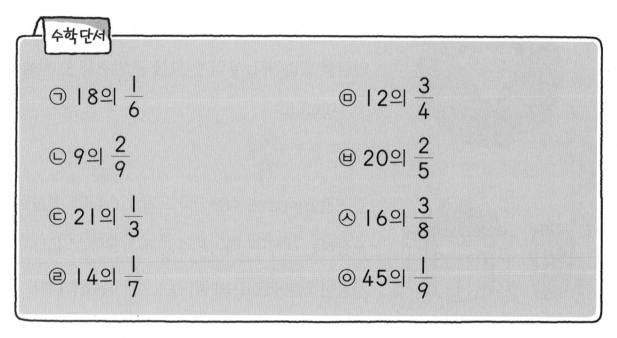

수학 단서

㉠ 18의 $\frac{1}{6}$

㉡ 9의 $\frac{2}{9}$

㉢ 21의 $\frac{1}{3}$

㉣ 14의 $\frac{1}{7}$

㉤ 12의 $\frac{3}{4}$

㉥ 20의 $\frac{2}{5}$

㉦ 16의 $\frac{3}{8}$

㉧ 45의 $\frac{1}{9}$

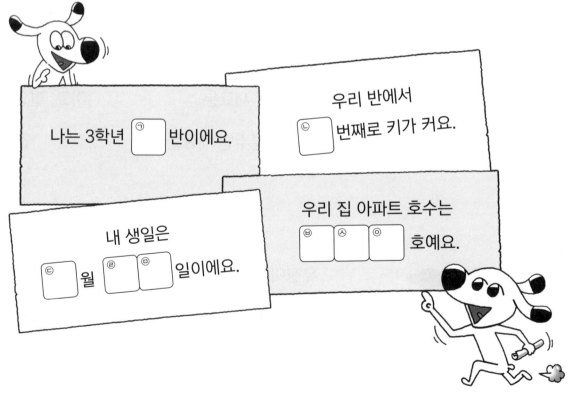

나는 3학년 ㉠ □ 반이에요.

우리 반에서 ㉡ □ 번째로 키가 커요.

내 생일은 ㉢ □ 월 ㉣ □ ㉤ □ 일이에요.

우리 집 아파트 호수는 ㉥ □ ㉦ □ ㉧ □ 호예요.

다 풀었네~
정말 대단해!

다섯째 마당

들이와 무게

교과서 5. 들이와 무게

오늘 공부한 단계를 색칠해 보세요!

53 54 55 56 57 58 59

🔆 바빠 개념 쏙쏙!

☆ L와 mL

$$1 L = 1000 mL$$

쓰기 **1 mL**

읽기 1 밀리리터
   일

$$1 L\ 500\ mL = 1 L + 500\ mL$$
$$= 1000\ mL + 500\ mL$$
$$= 1500\ mL$$

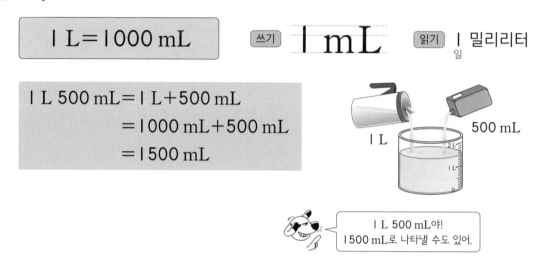

1 L
500 mL

1 L 500 mL야!
1500 mL로 나타낼 수도 있어.

☆ kg과 g

$$1 kg = 1000 g$$

쓰기 **1 kg**

읽기 1 킬로그램
   일

$$2 kg\ 300\ g = 2 kg + 300\ g$$
$$= 2000\ g + 300\ g$$
$$= 2300\ g$$

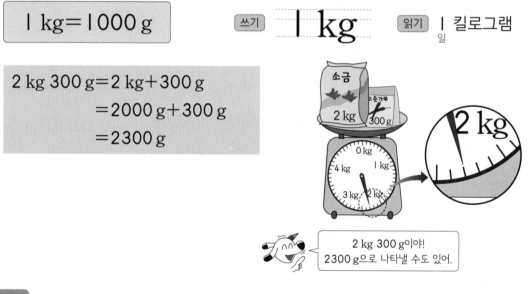

2 kg 300 g이야!
2300 g으로 나타낼 수도 있어.

잠깐! 퀴즈 -

우유 1 L와 50 mL를 합하면 모두 몇 mL일까요?

① 150 mL   ② 1050 mL

53 1 L는 1000 mL, 1000 mL는 1 L

✂ □ 안에 알맞은 수를 써넣으세요.

① 1 L = [1000] mL

'리터'라고 읽어요.

L(리터)와 mL(밀리리터)는 들이의 단위예요.
들이는 그릇 속 빈 공간의 크기를 말해요.
물처럼 형태가 일정하지 않은 양을 잴 때 써요.

1000 mL = 1 L

② 3 L = [ ] mL

⑦ 7 L 210 mL = [ ] mL

③ 1 L 700 mL = [ ] mL

1000 mL + 700 mL

⑧ 8 L 980 mL = [ ] mL

④ 2 L 300 mL = [ ] mL

⑨ 3 L 425 mL = [ ] mL

⑤ 5 L 105 mL = [ ] mL

친구들이 자주 틀리는 문제! 앗! 실수

⑩ 6 L 80 mL = [ ] mL

1 L = 1000 mL이므로
6 L 80 mL = 6000 mL + 80 mL

⑥ 9 L 602 mL = [ ] mL

⑪ 8 L 4 mL = [ ] mL

목표 시간 2분

※ ☐ 안에 알맞은 수를 써넣으세요.

① 1000 mL = ☐ L

⑦ 8540 mL = ☐ L ☐ mL

② 5000 mL = ☐ L

⑧ 1375 mL = ☐ L ☐ mL

③ 4300 mL = ☐ L ☐ mL
　　　4000 mL+300 mL

⑨ 3029 mL = ☐ L ☐ mL
　　1000 mL=1 L이므로
　　3029 mL=3000 mL+29 mL
　　　　　=3 L+29 mL

④ 2800 mL = ☐ L ☐ mL

⑩ 9376 mL = ☐ L ☐ mL

친구들이 자주 틀리는 문제! 앗! 실수

⑤ 6250 mL = ☐ L ☐ mL

⑪ 8043 mL = ☐ L ☐ mL
　　1000 mL=1 L이므로
　　8043 mL=8000 mL+43 mL
　　　　　=8 L+43 mL

⑥ 7190 mL = ☐ L ☐ mL

⑫ 4005 mL = ☐ L ☐ mL

목표 시간
3분

✂ 들이의 합을 구하세요.

❶
$$\begin{array}{r} 1\ \text{L}\quad 300\ \text{mL} \\ +\ 2\ \text{L}\quad 400\ \text{mL} \\ \hline \boxed{}\ \text{L}\quad \boxed{}\ \text{mL} \end{array}$$

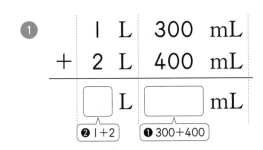

❷ 1+2   ❶ 300+400

mL끼리의 합이
1000이거나
1000을 넘으면 1 L로
받아올림하여 계산해요.

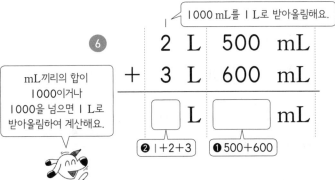

1000 mL를 1 L로 받아올림해요.

❻
$$\begin{array}{r} 2\ \text{L}\quad 500\ \text{mL} \\ +\ 3\ \text{L}\quad 600\ \text{mL} \\ \hline \boxed{}\ \text{L}\quad \boxed{}\ \text{mL} \end{array}$$

❷ 1+2+3   ❶ 500+600

❷
$$\begin{array}{r} 4\ \text{L}\quad 200\ \text{mL} \\ +\ 1\ \text{L}\quad 300\ \text{mL} \\ \hline \boxed{}\ \text{L}\quad \boxed{}\ \text{mL} \end{array}$$

❼
$$\begin{array}{r} 3\ \text{L}\quad 700\ \text{mL} \\ +\ 1\ \text{L}\quad 500\ \text{mL} \\ \hline \boxed{}\ \text{L}\quad \boxed{}\ \text{mL} \end{array}$$

❸
$$\begin{array}{r} 5\ \text{L}\quad 100\ \text{mL} \\ +\ 2\ \text{L}\quad 600\ \text{mL} \\ \hline \boxed{}\ \text{L}\quad \boxed{}\ \text{mL} \end{array}$$

❽
$$\begin{array}{r} 2\ \text{L}\quad 800\ \text{mL} \\ +\ 4\ \text{L}\quad 600\ \text{mL} \\ \hline \boxed{}\ \text{L}\quad \boxed{}\ \text{mL} \end{array}$$

❹
$$\begin{array}{r} 2\ \text{L}\quad 150\ \text{mL} \\ +\ 2\ \text{L}\quad 300\ \text{mL} \\ \hline \boxed{}\ \text{L}\quad \boxed{}\ \text{mL} \end{array}$$

❾
$$\begin{array}{r} 3\ \text{L}\quad 900\ \text{mL} \\ +\ 4\ \text{L}\quad 300\ \text{mL} \\ \hline \boxed{}\ \text{L}\quad \boxed{}\ \text{mL} \end{array}$$

❺
$$\begin{array}{r} 7\ \text{L}\quad 300\ \text{mL} \\ +\ 1\ \text{L}\quad 550\ \text{mL} \\ \hline \boxed{}\ \text{L}\quad \boxed{}\ \text{mL} \end{array}$$

❿
$$\begin{array}{r} 4\ \text{L}\quad 700\ \text{mL} \\ +\ 2\ \text{L}\quad 800\ \text{mL} \\ \hline \boxed{}\ \text{L}\quad \boxed{}\ \text{mL} \end{array}$$

🦴 들이의 합을 구하세요.

①   2 L   400   mL
   +   3 L   500   mL
      □ L   □   mL

❷ 2+3   ❶ 400+500

⑥   4 L   200   mL
   +   4 L   900   mL
      □ L   □   mL

②   4 L   600   mL
   +   3 L   200   mL
      □ L   □   mL

⑦   5 L   900   mL
   +   6 L   700   mL
      □ L   □   mL

③   3 L   800   mL
   +   5 L   300   mL
      □ L   □   mL

⑧   7 L   600   mL
   +   3 L   900   mL
      □ L   □   mL

④   4 L   400   mL
   +   1 L   700   mL
      □ L   □   mL

친구들이 자주 틀리는 문제!   앗! 실수

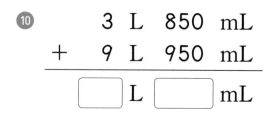

⑨   8 L   750   mL
   +   1 L   600   mL
      □ L   □   mL

⑤   6 L   500   mL
   +   3 L   800   mL
      □ L   □   mL

⑩   3 L   850   mL
   +   9 L   950   mL
      □ L   □   mL

목표 시간
☺ 3분 ☺

❖ 들이의 차를 구하세요.

I L를 1000 mL로 받아내림해요.

①

$$
\begin{array}{r}
3 \text{ L} \quad 600 \text{ mL} \\
- \quad 1 \text{ L} \quad 200 \text{ mL} \\
\hline
\boxed{} \text{ L} \quad \boxed{} \text{ mL}
\end{array}
$$

❷ 3−1   ❶ 600−200

mL끼리 뺄 수 없으면
I L를 1000 mL로
받아내림하여 계산해요.

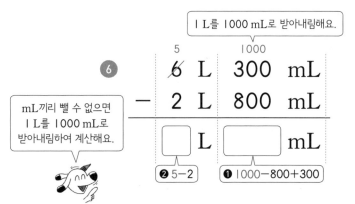

⑥

$$
\begin{array}{r}
\overset{5}{\cancel{6}} \text{ L} \quad \overset{1000}{300} \text{ mL} \\
- \quad 2 \text{ L} \quad 800 \text{ mL} \\
\hline
\boxed{} \text{ L} \quad \boxed{} \text{ mL}
\end{array}
$$

❷ 5−2   ❶ 1000−800+300

②

$$
\begin{array}{r}
4 \text{ L} \quad 500 \text{ mL} \\
- \quad 2 \text{ L} \quad 400 \text{ mL} \\
\hline
\boxed{} \text{ L} \quad \boxed{} \text{ mL}
\end{array}
$$

⑦

$$
\begin{array}{r}
5 \text{ L} \quad 200 \text{ mL} \\
- \quad 2 \text{ L} \quad 500 \text{ mL} \\
\hline
\boxed{} \text{ L} \quad \boxed{} \text{ mL}
\end{array}
$$

③

$$
\begin{array}{r}
8 \text{ L} \quad 700 \text{ mL} \\
- \quad 6 \text{ L} \quad 200 \text{ mL} \\
\hline
\boxed{} \text{ L} \quad \boxed{} \text{ mL}
\end{array}
$$

⑧

$$
\begin{array}{r}
7 \text{ L} \quad 600 \text{ mL} \\
- \quad 3 \text{ L} \quad 800 \text{ mL} \\
\hline
\boxed{} \text{ L} \quad \boxed{} \text{ mL}
\end{array}
$$

④

$$
\begin{array}{r}
4 \text{ L} \quad 800 \text{ mL} \\
- \quad 1 \text{ L} \quad 600 \text{ mL} \\
\hline
\boxed{} \text{ L} \quad \boxed{} \text{ mL}
\end{array}
$$

⑨

$$
\begin{array}{r}
9 \text{ L} \quad 100 \text{ mL} \\
- \quad 6 \text{ L} \quad 700 \text{ mL} \\
\hline
\boxed{} \text{ L} \quad \boxed{} \text{ mL}
\end{array}
$$

⑤

$$
\begin{array}{r}
9 \text{ L} \quad 400 \text{ mL} \\
- \quad 3 \text{ L} \quad 100 \text{ mL} \\
\hline
\boxed{} \text{ L} \quad \boxed{} \text{ mL}
\end{array}
$$

⑩

$$
\begin{array}{r}
8 \text{ L} \quad 600 \text{ mL} \\
- \quad 4 \text{ L} \quad 900 \text{ mL} \\
\hline
\boxed{} \text{ L} \quad \boxed{} \text{ mL}
\end{array}
$$

목표 시간 **3분**

❊ 들이의 차를 구하세요.

①   4 L   500 mL
  − 1 L   300 mL
    [ ] L [   ] mL

받아내림이 있을 수 있으니 mL끼리 먼저 빼야 실수하지 않아요.

⑥   10 L   200 mL
  − 3 L   600 mL
    [ ] L [   ] mL

②   5 L   900 mL
  − 3 L   200 mL
    [ ] L [   ] mL

⑦   12 L   400 mL
  − 4 L   700 mL
    [ ] L [   ] mL

③   7 L   100 mL
  − 5 L   400 mL
    [ ] L [   ] mL

⑧   11 L   100 mL
  − 7 L   900 mL
    [ ] L [   ] mL

④   8 L   500 mL
  − 4 L   900 mL
    [ ] L [   ] mL

• 친구들이 자주 틀리는 문제! 앗! 실수

⑨   15 L   350 mL
  − 8 L   650 mL
    [ ] L [   ] mL

⑤   9 L   300 mL
  − 6 L   400 mL
    [ ] L [   ] mL

⑩   12 L   200 mL
  − 9 L   550 mL
    [ ] L [   ] mL

56 1 kg은 1000 g, 1000 g은 1 kg

목표 시간
2분

✂ □ 안에 알맞은 수를 써넣으세요.

1 1 kg = [1000] g

'킬로그램'이라고 읽어요.

2 4 kg = [ ] g

3 3 kg 500 g = [ ] g

1 kg=1000 g이므로
3 kg 500 g=3000 g+500 g

4 2 kg 600 g = [ ] g

5 5 kg 950 g = [ ] g

6 6 kg 140 g = [ ] g

7 3 kg 415 g = [ ] g

8 5 kg 234 g = [ ] g

9 6 kg 755 g = [ ] g

친구들이 자주 틀리는 문제! 앗! 실수

10 4 kg 80 g = [ ] g

11 7 kg 5 g = [ ] g

12 8 kg 3 g = [ ] g

✂ ☐ 안에 알맞은 수를 써넣으세요.

① 1000 g = ☐ kg

'그램'이라고 읽어요.

② 3000 g = ☐ kg

③ 2900 g = ☐ kg ☐ g

1000 g = 1 kg이므로
2900 g = 2000 g + 900 g

④ 4300 g = ☐ kg ☐ g

⑤ 1250 g = ☐ kg ☐ g

⑥ 5670 g = ☐ kg ☐ g

⑦ 2160 g = ☐ kg ☐ g

⑧ 4872 g = ☐ kg ☐ g

⑨ 3054 g = ☐ kg ☐ g

⑩ 6030 g = ☐ kg ☐ g

⑪ 7010 g = ☐ kg ☐ g

⑫ 9005 g = ☐ kg ☐ g

57 kg은 kg끼리, g은 g끼리 더하자

✂ 무게의 합을 구하세요.

①
```
    2  kg   400  g
+   1  kg   200  g
──────────────────
   [ ] kg  [    ] g
    ❷2+1    ❶400+200
```

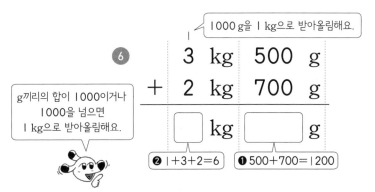

1000 g을 1 kg으로 받아올림해요.

g끼리의 합이 1000이거나 1000을 넘으면 1 kg으로 받아올림해요.

⑥
```
    3  kg   500  g
+   2  kg   700  g
──────────────────
   [ ] kg  [    ] g
   ❷1+3+2=6  ❶500+700=1200
```

②
```
    1  kg   300  g
+   4  kg   200  g
──────────────────
   [ ] kg  [    ] g
```

⑦
```
    1  kg   800  g
+   2  kg   300  g
──────────────────
   [ ] kg  [    ] g
```

③
```
    3  kg   200  g
+   2  kg   700  g
──────────────────
   [ ] kg  [    ] g
```

⑧
```
    5  kg   700  g
+   3  kg   700  g
──────────────────
   [ ] kg  [    ] g
```

④
```
    1  kg   300  g
+   7  kg   500  g
──────────────────
   [ ] kg  [    ] g
```

⑨
```
    4  kg   400  g
+   3  kg   800  g
──────────────────
   [ ] kg  [    ] g
```

⑤
```
    5  kg   600  g
+   4  kg   100  g
──────────────────
   [ ] kg  [    ] g
```

⑩
```
    2  kg   800  g
+   4  kg   900  g
──────────────────
   [ ] kg  [    ] g
```

목표 시간 3분

무게의 합을 구하세요.

1
$$1 \text{ kg } 200 \text{ g} + 3 \text{ kg } 400 \text{ g}$$
☐ kg ☐ g

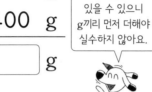
받아올림이 있을 수 있으니 g끼리 먼저 더해야 실수하지 않아요.

2
$$5 \text{ kg } 100 \text{ g} + 1 \text{ kg } 300 \text{ g}$$
☐ kg ☐ g

3
$$2 \text{ kg } 600 \text{ g} + 3 \text{ kg } 500 \text{ g}$$
☐ kg ☐ g

4
$$4 \text{ kg } 900 \text{ g} + 2 \text{ kg } 300 \text{ g}$$
☐ kg ☐ g

5
$$1 \text{ kg } 700 \text{ g} + 6 \text{ kg } 800 \text{ g}$$
☐ kg ☐ g

6
$$7 \text{ kg } 600 \text{ g} + 2 \text{ kg } 600 \text{ g}$$
☐ kg ☐ g

7
$$8 \text{ kg } 900 \text{ g} + 2 \text{ kg } 500 \text{ g}$$
☐ kg ☐ g

8
$$7 \text{ kg } 400 \text{ g} + 6 \text{ kg } 700 \text{ g}$$
☐ kg ☐ g

친구들이 자주 틀리는 문제! 앗! 실수

9
$$5 \text{ kg } 650 \text{ g} + 4 \text{ kg } 400 \text{ g}$$
☐ kg ☐ g

10
$$8 \text{ kg } 350 \text{ g} + 9 \text{ kg } 950 \text{ g}$$
☐ kg ☐ g

58 kg은 kg끼리, g은 g끼리 빼자

✂ 무게의 차를 구하세요.

1 kg을 1000 g으로 받아내림해요.

①
$$
\begin{array}{rr}
3 \text{ kg} & 700 \text{ g} \\
- 2 \text{ kg} & 200 \text{ g} \\
\hline
\boxed{} \text{ kg} & \boxed{} \text{ g}
\end{array}
$$
❷ 3−2   ❶ 700−200

g끼리 뺄 수 없으면 1 kg을 1000 g으로 받아내림해서 계산해요.

⑥
$$
\begin{array}{rr}
\overset{4}{\cancel{5}} \text{ kg} & \overset{1000}{100} \text{ g} \\
- 3 \text{ kg} & 900 \text{ g} \\
\hline
\boxed{} \text{ kg} & \boxed{} \text{ g}
\end{array}
$$
❷ 4−3=1   ❶ 1000−900+100=200

②
$$
\begin{array}{rr}
5 \text{ kg} & 300 \text{ g} \\
- 2 \text{ kg} & 100 \text{ g} \\
\hline
\boxed{} \text{ kg} & \boxed{} \text{ g}
\end{array}
$$

⑦
$$
\begin{array}{rr}
4 \text{ kg} & 200 \text{ g} \\
- 1 \text{ kg} & 400 \text{ g} \\
\hline
\boxed{} \text{ kg} & \boxed{} \text{ g}
\end{array}
$$

③
$$
\begin{array}{rr}
8 \text{ kg} & 600 \text{ g} \\
- 4 \text{ kg} & 200 \text{ g} \\
\hline
\boxed{} \text{ kg} & \boxed{} \text{ g}
\end{array}
$$

⑧
$$
\begin{array}{rr}
6 \text{ kg} & 400 \text{ g} \\
- 3 \text{ kg} & 700 \text{ g} \\
\hline
\boxed{} \text{ kg} & \boxed{} \text{ g}
\end{array}
$$

④
$$
\begin{array}{rr}
7 \text{ kg} & 900 \text{ g} \\
- 2 \text{ kg} & 400 \text{ g} \\
\hline
\boxed{} \text{ kg} & \boxed{} \text{ g}
\end{array}
$$

⑨
$$
\begin{array}{rr}
8 \text{ kg} & 500 \text{ g} \\
- 2 \text{ kg} & 600 \text{ g} \\
\hline
\boxed{} \text{ kg} & \boxed{} \text{ g}
\end{array}
$$

⑤
$$
\begin{array}{rr}
9 \text{ kg} & 500 \text{ g} \\
- 5 \text{ kg} & 100 \text{ g} \\
\hline
\boxed{} \text{ kg} & \boxed{} \text{ g}
\end{array}
$$

⑩
$$
\begin{array}{rr}
9 \text{ kg} & 200 \text{ g} \\
- 3 \text{ kg} & 800 \text{ g} \\
\hline
\boxed{} \text{ kg} & \boxed{} \text{ g}
\end{array}
$$

목표 시간 3분

❀ 무게의 차를 구하세요.

①
```
    4  kg   800  g
 −  2  kg   500  g
```
[ ] kg [ ] g

g끼리 먼저 계산한 다음 kg끼리 빼야 실수하지 않아요.

⑥
```
   10  kg   200  g
 −  5  kg   700  g
```
[ ] kg [ ] g

②
```
    6  kg   500  g
 −  4  kg   200  g
```
[ ] kg [ ] g

⑦
```
   12  kg   300  g
 −  6  kg   500  g
```
[ ] kg [ ] g

③
```
    8  kg   600  g
 −  3  kg   700  g
```
[ ] kg [ ] g

⑧
```
   16  kg   100  g
 −  8  kg   800  g
```
[ ] kg [ ] g

④
```
    9  kg   100  g
 −  6  kg   400  g
```
[ ] kg [ ] g

친구들이 자주 틀리는 문제! 앗! 실수

⑨
```
   13  kg   150  g
 −  8  kg   950  g
```
[ ] kg [ ] g

⑤
```
    7  kg   500  g
 −  3  kg   900  g
```
[ ] kg [ ] g

⑩
```
   11  kg   100  g
 −  2  kg   950  g
```
[ ] kg [ ] g

❈ 그림을 보고 ☐ 안에 알맞은 수를 써넣으세요.

①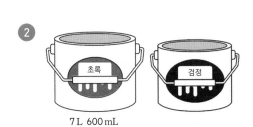

1 L 500 mL   2 L 200 mL

포도 주스 1 L 500 mL와 망고 주스 2 L 200 mL가

있습니다. 포도 주스와 망고 주스는 모두

☐ L ☐ mL입니다.

②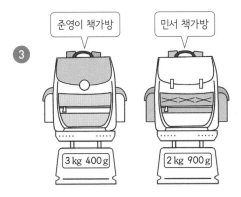

초록   검정

7 L 600 mL

초록색 페인트가 7 L 600 mL 있고, 검은색 페인트는

초록색 페인트보다 1 L 700 mL 적게 들어 있습니다.

검은색 페인트는 ☐ L ☐ mL입니다.

③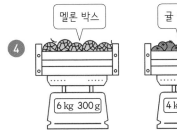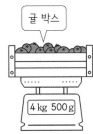

준영이 책가방   민서 책가방

3 kg 400 g   2 kg 900 g

준영이 책가방과 민서 책가방의 무게는 모두

☐ kg ☐ g입니다.

④

멜론 박스   귤 박스

6 kg 300 g   4 kg 500 g

멜론과 귤 박스의 무게를 각각 재었습니다. 멜론 박스는

귤 박스보다 ☐ kg ☐ g 더 무겁습니다.

오렌지 원액과 물을 섞어서 오렌지 주스를 만들었습니다. 만든 오렌지 주스의 양과 가족들이 마시고 남은 오렌지 주스의 양은 각각 얼마인지 구하세요.

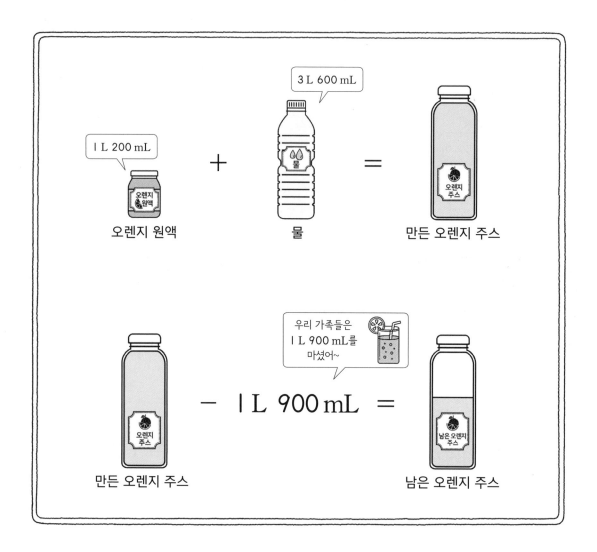

만든 오렌지 주스의 양

: ☐ L ☐ mL

마시고 남은 오렌지 주스의 양

: ☐ L ☐ mL

136

바쁜 3학년을 위한

빠른 교과서 연산

3-2 정답

스마트폰으로도 정답을 확인할 수 있어요!

맨날 노는데 수학 잘하는 너! 도대체 비결이 뭐야?

① 정답을 확인한 후 틀린 문제는 ☆표를 쳐 놓으세요~

② 그런 다음 연습장에 틀린 문제를 옮겨 적으세요.

③ 그리고 그 문제들만 한 번 더 풀어 보세요.

시간은 얼마 걸리지 않아요. 그러나 이때 실력이 확 붙는 거예요.

아는 문제를 여러 번 다시 푸는 건 시간 낭비예요.

틀린 문제만 모아서 풀면 아무리 바쁘더라도

이번 학기 수학은 걱정 없어요!

비결은 간단해!

첫째 마당 · 곱셈 (1)

01단계 ▶▶ 11쪽

① 248	② 393	③ 428	④ 462
⑤ 480	⑥ 696	⑦ 808	⑧ 993
⑨ 646	⑩ 628	⑪ 996	⑫ 862

01단계 ▶▶ 12쪽

① 286	② 636	③ 448	④ 826
⑤ 936	⑥ 848	⑦ 399	⑧ 468
⑨ 663	⑩ 842	⑪ 699	⑫ 888

02단계 ▶▶ 13쪽

① 354	② 432	③ 412	④ 570
⑤ 496	⑥ 675	⑦ 656	⑧ 872
⑨ 654	⑩ 876	⑪ 954	⑫ 954

02단계 ▶▶ 14쪽

① 430	② 492	③ 678	④ 590
⑤ 657	⑥ 798	⑦ 874	⑧ 896
⑨ 652	⑩ 868	⑪ 972	

03단계 ▶▶ 15쪽

① 460	② 474	③ 864	④ 791
⑤ 384	⑥ 580	⑦ 672	⑧ 654
⑨ 832	⑩ 948	⑪ 963	⑫ 876

03단계 ▶▶ 16쪽

① 290	② 472	③ 654	④ 784
⑤ 860	⑥ 836	⑦ 654	⑧ 570
⑨ 690	⑩ 957	⑪ 864	

04단계 ▶▶ 17쪽

① 528	② 726	③ 750	④ 764
⑤ 508	⑥ 426	⑦ 805	⑧ 688
⑨ 576	⑩ 768	⑪ 819	⑫ 987

04단계 ▶▶ 18쪽

① 604	② 546	③ 955	④ 704
⑤ 928	⑥ 843	⑦ 962	⑧ 780
⑨ 968	⑩ 788	⑪ 648	⑫ 873

05단계 ▶▶ 19쪽

① 655	② 924	③ 429	④ 847
⑤ 608	⑥ 855	⑦ 586	⑧ 849
⑨ 724	⑩ 876	⑪ 966	⑫ 988

05단계 ▶▶ 20쪽

① 328	② 546	③ 680	④ 755
⑤ 723	⑥ 968	⑦ 516	⑧ 746
⑨ 768	⑩ 917	⑪ 786	

06단계 ▶▶ 21쪽

① 1046	② 1248	③ 1682	④ 1896
⑤ 1486	⑥ 2436	⑦ 2084	⑧ 4005
⑨ 1860	⑩ 2488	⑪ 2496	⑫ 2877

06단계 ▶▶ 22쪽

① 1263	② 1826	③ 3507	④ 5490
⑤ 2488	⑥ 3288	⑦ 1468	⑧ 2466
⑨ 1539	⑩ 6370	⑪ 4808	⑫ 7290

정답

07단계 ▶ 23쪽

① 1055 ② 1288 ③ 1228 ④ 1536
⑤ 5688 ⑥ 3055 ⑦ 2088 ⑧ 1286
⑨ 2463 ⑩ 1868 ⑪ 2169 ⑫ 3248

07단계 ▶ 24쪽

① 1809 ② 1239 ③ 2484 ④ 1684
⑤ 1226 ⑥ 2080 ⑦ 1866 ⑧ 2796
⑨ 2166 ⑩ 2469 ⑪ 2050 ⑫ 6309

08단계 ▶ 25쪽

① 525 ② 628 ③ 747 ④ 984
⑤ 376 ⑥ 744 ⑦ 822 ⑧ 965
⑨ 534 ⑩ 696 ⑪ 804 ⑫ 903

08단계 ▶ 26쪽

① 1216 ② 1250 ③ 2891 ④ 3096
⑤ 1080 ⑥ 1287 ⑦ 3264 ⑧ 4298
⑨ 1674 ⑩ 2492 ⑪ 5696 ⑫ 5490

09단계 ▶ 27쪽

① 1155 ② 1383 ③ 2608 ④ 3787
⑤ 1382 ⑥ 2349 ⑦ 4986 ⑧ 7768
⑨ 1568 ⑩ 5859 ⑪ 3168 ⑫ 6088

09단계 ▶ 28쪽

① 196 × 2 = 392 ⑤ 215 × 6 = 1290 ⑨ 352 × 3 = 1056

② 289 × 2 = 578 ⑥ 613 × 4 = 2452 ⑩ 441 × 8 = 3528

③ 245 × 4 = 980 ⑦ 513 × 7 = 3591 ⑪ 861 × 6 = 5166

④ 138 × 6 = 828 ⑧ 814 × 5 = 4070 ⑫ 241 × 9 = 2169

10단계 ▶ 29쪽

① 762 ② 992 ③ 732 ④ 740
⑤ 938 ⑥ 795 ⑦ 4096 ⑧ 3663
⑨ 4926 ⑩ 3808 ⑪ 6008

10단계 ▶ 30쪽

① 738 ② 948 ③ 1366 ④ 1590
⑤ 972 ⑥ 2415 ⑦ 4488 ⑧ 3164
⑨ 591 ⑩ 940 ⑪ 1284 ⑫ 2808

11단계 ▶ 31쪽

① 1035 ② 1180 ③ 1647 ④ 2471
⑤ 1548 ⑥ 2135 ⑦ 4774 ⑧ 3736
⑨ 1752 ⑩ 4336 ⑪ 4764 ⑫ 5787

11단계 ▶ 32쪽

① 1645 ② 1944 ③ 2152 ④ 3978
⑤ 1880 ⑥ 2816 ⑦ 2748 ⑧ 6566
⑨ 2184 ⑩ 3807 ⑪ 4434 ⑫ 6904

139

12단계 ▶▶ 33쪽

① 1370 ② 1872 ③ 1962 ④ 1395
⑤ 3794 ⑥ 1378 ⑦ 3012 ⑧ 5072
⑨ 5232 ⑩ 1791 ⑪ 1092 ⑫ 2232

12단계 ▶▶ 34쪽

①
	2	9	2
×			6
1	7	5	2

⑤
	4	8	6
×			3
1	4	5	8

⑨
	7	3	4
×			8
5	8	7	2

②
	2	3	2
×			5
1	1	6	0

⑥
	5	4	9
×			4
2	1	9	6

⑩
	2	5	7
×			8
2	0	5	6

③
	3	9	3
×			4
1	5	7	2

⑦
	6	4	2
×			7
4	4	9	4

⑪
	6	9	7
×			6
4	1	8	2

④
	3	8	4
×			3
1	1	5	2

⑧
	4	5	8
×			3
1	3	7	4

⑫
	4	3	7
×			9
3	9	3	3

13단계 ▶▶ 35쪽

① 1371 ② 1180 ③ 2732 ④ 3174
⑤ 2478 ⑥ 2595 ⑦ 4050 ⑧ 2408
⑨ 3843 ⑩ 7736 ⑪ 6831

13단계 ▶▶ 36쪽

① 1944 ② 1950 ③ 1914 ④ 2997
⑤ 3689 ⑥ 4270 ⑦ 1992 ⑧ 2192
⑨ 4746 ⑩ 2124 ⑪ 6216

14단계 ▶▶ 37쪽

① 312 ② 1095 ③ 1176 ④ 1620

14단계 ▶▶ 38쪽

둘째 마당 · 곱셈 (2)

15단계 ▶▶ 41쪽

① 900 ② 2400 ③ 3500 ④ 2700
⑤ 480 ⑥ 680 ⑦ 1120 ⑧ 1740
⑨ 1950 ⑩ 4320 ⑪ 2160 ⑫ 3360

15단계 ▶▶ 42쪽

① 600 ② 800 ③ 1800 ④ 4000
⑤ 6300 ⑥ 5600 ⑦ 650 ⑧ 840
⑨ 1710 ⑩ 2960 ⑪ 2280 ⑫ 5040

16단계 ▶▶ 43쪽

곱을 쓰는 위치가 헷갈리는
친구들을 위한 꿀팁!

(일의 자리 수)×(십의 자리 수)는
더 높은 자리인 십의 자리에서 시작해서
십의 자리와 백의 자리에 답을 써요.

①
```
    백 십 일
        2
  ×  4 1
        2
     8 0
     8 2
```

②
```
        6
  ×  1 5
     3 0
     6
     9 0
```

③
```
        4
  ×  2 8
     3 2
     8
   1 1 2
```

④
```
    백 십 일
        5
  ×  2 3
     1 5
   1 0
   1 1 5
```

⑤
```
        3
  ×  6 2
        6
     1 8
   1 8 6
```

⑥
```
        2
  ×  8 9
     1 8
     1 6
   1 7 8
```

⑦
```
        9
  ×  3 6
     5 4
     2 7
   3 2 4
```

(꿀팁 예시)
```
    백 십 일
        5
  ×  2
        1 5   ← (일의 자리 수)×(십의 자리 수)
     1 0
   1 1 5
```

16단계 ▶▶ 44쪽

① 48   ② 98   ③ 114   ④ 108

⑤ 130   ⑥ 237   ⑦ 384   ⑧ 448

⑨ 295   ⑩ 261   ⑪ 525   ⑫ 534

17단계 ▶▶ 45쪽

① 69   ② 80   ③ 52   ④ 96

⑤ 92   ⑥ 84   ⑦ 128   ⑧ 136

⑨ 192   ⑩ 234   ⑪ 306   ⑫ 588

17단계 ▶▶ 46쪽

① 48   ② 54   ③ 108   ④ 120

⑤ 126   ⑥ 216   ⑦ 130   ⑧ 156

⑨ 138   ⑩ 196   ⑪ 658   ⑫ 513

18단계 ▶▶ 47쪽

①
```
    백 십 일
      1 3
  ×  1 4
      5 2
    1 3 0
    1 8 2
```

②
```
      1 7
  ×  1 5
      8 5
    1 7
    2 5 5
```

③
```
      1 2
  ×  1 8
      9 6
    1 2
    2 1 6
```

④
```
      2 8
  ×  1 3
      8 4
    2 8
    3 6 4
```

⑤
```
      2 4
  ×  1 6
    1 4 4
    2 4
    3 8 4
```

⑥
```
      4 1
  ×  1 9
    3 6 9
    4 1
    7 7 9
```

⑦
```
      5 2
  ×  1 3
    1 5 6
    5 2
    6 7 6
```

⑧
```
      3 1
  ×  2 7
    2 1 7
    6 2
    8 3 7
```

⑨
```
      5 1
  ×  1 6
    3 0 6
    5 1
    8 1 6
```

18단계 ▶▶ 48쪽

①
```
    백 십 일
      1 6
  ×  2 1
      1 6
    3 2
    3 3 6
```

②
```
      1 4
  ×  3 2
      2 8
    4 2
    4 4 8
```

③
```
      2 3
  ×  4 1
      2 3
    9 2
    9 4 3
```

④
```
  천 백 십 일
        1 2
  ×    7 3
        3 6
      8 4
      8 7 6
```

⑤
```
        5 3
  ×    3 1
        5 3
    1 5 9
    1 6 4 3
```

⑥
```
        2 1
  ×    9 4
        8 4
    1 8 9
    1 9 7 4
```

⑦
```
  천 백 십 일
        4 1
  ×    8 1
        4 1
    3 2 8
    3 3 2 1
```

⑧
```
        3 1
  ×    7 2
        6 2
    2 1 7
    2 2 3 2
```

⑨
```
        6 2
  ×    4 1
        6 2
    2 4 8
    2 5 4 2
```

19단계 ▶▶ 49쪽

① 204　② 208　③ 266　④ 775
⑤ 378　⑥ 806　⑦ 987　⑧ 994
⑨ 996　⑩ 945　⑪ 1922　⑫ 2952

19단계 ▶▶ 50쪽

① 196　② 240　③ 324　④ 676
⑤ 819　⑥ 1128　⑦ 936　⑧ 2263
⑨ 3362

20단계 ▶▶ 51쪽

	백	십	일			천	백	십	일			천	백	십	일
①		1	8		④			3	1		⑦			9	4
×		3	2		×			4	9		×			1	5
		3	6				2	7	9				4	7	0
	5	4					1	2	4				9	4	
	5	7	6			1	5	1	9			1	4	1	0
②		1	3		⑤			7	2		⑧			2	4
×		5	6		×			3	4		×			6	1
		7	8				2	8	8					2	4
	6	5					2	1	6				1	4	4
	7	2	8			2	4	4	8			1	4	6	4
③		2	7		⑥			8	2		⑨			5	9
×		2	3		×			4	3		×			3	1
		8	1				2	4	6					5	9
	5	4					3	2	8				1	7	7
	6	2	1			3	5	2	6			1	8	2	9

20단계 ▶▶ 52쪽

① 864　② 1058　③ 1330　④ 1992
⑤ 3528　⑥ 1961　⑦ 3276　⑧ 4316
⑨ 5828

21단계 ▶▶ 53쪽

① 972　② 936　③ 1170　④ 1036
⑤ 1170　⑥ 2556　⑦ 2720　⑧ 4672
⑨ 4088

21단계 ▶▶ 54쪽

① 700　② 1836　③ 1504　④ 1484
⑤ 1104　⑥ 1665　⑦ 1936　⑧ 5082
⑨ 3216　⑩ 5934

22단계 ▶▶ 55쪽

①		1	8		④			4	3		⑦			2	3
×		2	3		×			4	5		×			6	4
		5	4				2	1	5					9	2
	3	6				1	7	2				1	3	8	
	4	1	4			1	9	3	5			1	4	7	2
②		3	6		⑤			6	2		⑧			3	9
×		2	7		×			5	4		×			5	2
	2	5	2				2	4	8					7	8
	7	2					3	1	0				1	9	5
	9	7	2			3	3	4	8			2	0	2	8
③		4	8		⑥			7	6		⑨			8	4
×		3	2		×			4	2		×			3	7
		9	6				1	5	2					5	8	8
	1	4	4				3	0	4				2	5	2
	1	5	3	6			3	1	9	2			3	1	0	8

22단계 ▶▶ 56쪽

① 672　② 644　③ 945　④ 1927
⑤ 2048　⑥ 3456　⑦ 1462　⑧ 2726
⑨ 2520　⑩ 2812

23단계 ▶ 57쪽

① 1825   ② 1504   ③ 1976   ④ 2666

⑤ 3906   ⑥ 2146   ⑦ 2886   ⑧ 6150

⑨ 2553   ⑩ 6596   ⑪ 4094

23단계 ▶ 58쪽

①

18	47
26	23
468	1081

화살표 방향으로
두 수의 곱을 구해 보세요.

②
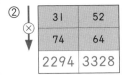

31	52
74	64
2294	3328

④

29	32	928
67	43	2881

③
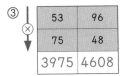

53	96
75	48
3975	4608

⑤
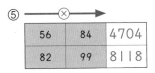

56	84	4704
82	99	8118

24단계 ▶ 59쪽

① 112   ② 1200   ③ 2015   ④ 슬기, 5

24단계 ▶ 60쪽

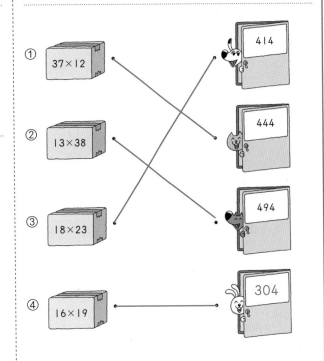

① 37×12
② 13×38
③ 18×23
④ 16×19

414
444
494
304

셋째 마당 · 나눗셈

25단계 ▶ 63쪽

① 20   ② 10   ③ 20   ④ 10

⑤ 30   ⑥ 30   ⑦ 10   ⑧ 10

⑨ 40   ⑩ 10

25단계 ▶ 64쪽

① 15   ② 25   ③ 15   ④ 14

⑤ 45   ⑥ 16   ⑦ 15

정답 →

26단계 ▶▶ 65쪽

① 12   ② 23   ③ 13   ④ 11
⑤ 34   ⑥ 23   ⑦ 21

26단계 ▶▶ 66쪽

① 13   ② 12   ③ 21   ④ 11
⑤ 12   ⑥ 11   ⑦ 21   ⑧ 22
⑨ 32   ⑩ 31   ⑪ 41

27단계 ▶▶ 67쪽

① 17   ② 28   ③ 15   ④ 17
⑤ 25   ⑥ 12   ⑦ 14   ⑧ 38
⑨ 13

27단계 ▶▶ 68쪽

① 16   ② 13   ③ 15   ④ 18
⑤ 18   ⑥ 13   ⑦ 27   ⑧ 29
⑨ 24

28단계 ▶▶ 69쪽

① 26   ② 13   ③ 26   ④ 19
⑤ 17   ⑥ 19   ⑦ 16   ⑧ 27
⑨ 23   ⑩ 14   ⑪ 47   ⑫ 12

28단계 ▶▶ 70쪽

① 18   ② 14   ③ 29   ④ 14
⑤ 24   ⑥ 17   ⑦ 37   ⑧ 19
⑨ 12   ⑩ 16   ⑪ 28   ⑫ 14

29단계 ▶▶ 71쪽

① 5…1   ② 4…2   ③ 6…1
④ 3…4   ⑤ 6…2   ⑥ 5…3
⑦ 3…7   ⑧ 7…6   ⑨ 5…2
⑩ 8…2   ⑪ 8…5

29단계 ▶▶ 72쪽

① 5…1   ② 7…1   ③ 6…2
④ 5…4   ⑤ 7…2   ⑥ 5…6
⑦ 8…2   ⑧ 5…6   ⑨ 8…5
⑩ 4…4   ⑪ 7…3   ⑫ 8…6

30단계 ▶▶ 73쪽

① 8…1 / 8, 1   ② 7…1 / 7, 1   ③ 7…1 / 7, 1
④ 5…3 / 5, 3   ⑤ 4…2 / 4, 2   ⑥ 6…4 / 6, 4
⑦ 6…3 / 6, 3   ⑧ 4…5 / 4, 5   ⑨ 8…3 / 8, 3

30단계 ▶▶ 74쪽

① 4…1   ② 3…3   ③ 4…2
④ 6…3   ⑤ 5…2   ⑥ 6…4
⑦ 7…1   ⑧ 9…3   ⑨ 7…6
⑩ 7…5   ⑪ 8…7

31단계 ▶▶ 75쪽

① 18…1   ② 24…2   ③ 15…1
④ 13…2   ⑤ 13…1   ⑥ 12…4
⑦ 11…6

144

31단계 ▶▶ 76쪽

① 15…1	② 29…1	③ 16…1
④ 14…2	⑤ 27…1	⑥ 18…2
⑦ 46…1	⑧ 17…1	⑨ 11…3

32단계 ▶▶ 77쪽

① 17…1 / 17, 1   ② 16…2 / 16, 2
③ 13…1 / 13, 1   ④ 25…2 / 25, 2
⑤ 13…4 / 13, 4   ⑥ 15…3 / 15, 3
⑦ 15…4 / 15, 4   ⑧ 12…5 / 12, 5
⑨ 11…2 / 11, 2

32단계 ▶▶ 78쪽

① 13…2	② 36…1	③ 15…2
④ 16…4	⑤ 13…1	⑥ 14…3
⑦ 11…4	⑧ 14…4	⑨ 11…5
⑩ 12…6		

33단계 ▶▶ 79쪽

① 14…2	② 25…1	③ 16…3
④ 24…2	⑤ 14…2	⑥ 19…2
⑦ 12…2	⑧ 23…3	⑨ 13…2
⑩ 13…3	⑪ 12…2	

33단계 ▶▶ 80쪽

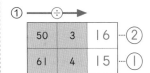
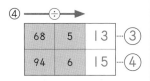
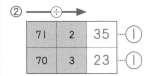
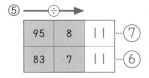
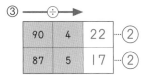

나눗셈을 하고 나서 나머지가
나누는 수보다 작은지 꼭 확인해 봐요.

34단계 ▶▶ 81쪽

① 124	② 118	③ 236	④ 167
⑤ 127	⑥ 123	⑦ 122	⑧ 112
⑨ 105			

34단계 ▶▶ 82쪽

① 124	② 149	③ 145	④ 161
⑤ 162	⑥ 124	⑦ 137	⑧ 123
⑨ 247			

35단계 ▶▶ 83쪽

① 63	② 56	③ 43	④ 27
⑤ 72	⑥ 92	⑦ 47	⑧ 59
⑨ 65			

35단계 ▶▶ 84쪽

| ① 68 | ② 44 | ③ 79 | ④ 87 |
| ⑤ 62 | ⑥ 34 | ⑦ 83 | ⑧ 75 |

⑨ 67

⑦ 75…3　　　⑧ 85…5　　　⑨ 69…3

36단계 ▶▶ 85쪽

① 163　　② 236　　③ 115　　④ 44

⑤ 67　　⑥ 39　　⑦ 95　　⑧ 76

⑨ 246　　⑩ 78　　⑪ 225

36단계 ▶▶ 86쪽

① 116　　② 145　　③ 135　　④ 121

⑤ 123　　⑥ 246　　⑦ 66　　⑧ 74

⑨ 96　　⑩ 62　　⑪ 53

37단계 ▶▶ 87쪽

① 121…1　　② 172…2　　③ 164…1

④ 136…2　　⑤ 237…2　　⑥ 140…1

⑦ 233…2　　⑧ 123…4　　⑨ 121…6

37단계 ▶▶ 88쪽

① 258…1　　② 465…1　　③ 157…2

④ 131…3　　⑤ 127…4　　⑥ 118…2

⑦ 284…2　　⑧ 246…3　　⑨ 177…2

38단계 ▶▶ 89쪽

① 58…1　　② 39…2　　③ 78…2

④ 63…3　　⑤ 72…5　　⑥ 92…3

⑦ 84…4　　⑧ 47…6　　⑨ 69…4

38단계 ▶▶ 90쪽

① 67…2　　② 43…3　　③ 56…6

④ 52…4　　⑤ 42…2　　⑥ 94…3

39단계 ▶▶ 91쪽

① 255…1　　② 144…2　　③ 102…4

④ 235…1　　⑤ 87…2　　⑥ 66…3

⑦ 55…6　　⑧ 76…2　　⑨ 57…1

⑩ 166…2　　⑪ 117…5

39단계 ▶▶ 92쪽

① 157…2　　② 126…2　　③ 109…6

④ 136…1　　⑤ 254…2　　⑥ 142…4

⑦ 86…1　　⑧ 73…2　　⑨ 54…4

⑩ 64…3　　⑪ 75…6

40단계 ▶▶ 93쪽

① 6…1　확인 $2 \times 6 = 12, 12 + 1 = 13$

② 7…3　확인 $4 \times 7 = 28, 28 + 3 = 31$

③ 7…3　확인 $5 \times 7 = 35, 35 + 3 = 38$

④ 7…1　확인 $3 \times 7 = 21, 21 + 1 = 22$

⑤ 6…4　확인 $5 \times 6 = 30, 30 + 4 = 34$

⑥ 9…2　확인 $7 \times 9 = 63, 63 + 2 = 65$

⑦ 17…5　확인 $6 \times 17 = 102, 102 + 5 = 107$

⑧ 22…3　확인 $8 \times 22 = 176, 176 + 3 = 179$

40단계 ▶▶ 94쪽

① 4…1　확인 $4 \times 4 = 16, 16 + 1 = 17$

② 6…5　확인 $8 \times 6 = 48, 48 + 5 = 53$

③ 6…2　확인 $5 \times 6 = 30, 30 + 2 = 32$

④ 7…5　확인 $9 \times 7 = 63, 63 + 5 = 68$

⑤ 6…3　확인 $7 \times 6 = 42, 42 + 3 = 45$

⑥ 5…4　확인 $5 \times 5 = 25, 25 + 4 = 29$

⑦ 12…6 확인 9×12=108, 108+6=114

⑧ 42…5 확인 6×42=252, 252+5=257

41단계 ▶▶ 95쪽

① 11…1 확인 3×11=33, 33+1=34

② 13…3 확인 4×13=52, 52+3=55

③ 16…3 확인 5×16=80, 80+3=83

④ 12…5 확인 6×12=72, 72+5=77

⑤ 28…2 확인 3×28=84, 84+2=86

⑥ 13…3 확인 7×13=91, 91+3=94

⑦ 11…4 확인 8×11=88, 88+4=92

⑧ 113…2 확인 3×113=339, 339+2=341

⑨ 124…3 확인 5×124=620, 620+3=623

41단계 ▶▶ 96쪽

① 12…1 확인 3×12=36, 36+1=37

② 18…3 확인 4×18=72, 72+3=75

③ 26…1 확인 2×26=52, 52+1=53

④ 13…4 확인 5×13=65, 65+4=69

⑤ 14…4 확인 6×14=84, 84+4=88

⑥ 24…1 확인 4×24=96, 96+1=97

⑦ 147…2 확인 4×147=588, 588+2=590

42단계 ▶▶ 97쪽

① 14   ② 2   ③ 38   ④ 42, 1

42단계 ▶▶ 98쪽

① 3521   ② 3251   ③ 2093   ④ 1602

넷째 마당 · 분수

43단계 ▶▶ 101쪽

① $\frac{1}{2}$ / 2, 1   ② $\frac{2}{4}$ / 4, 2   ③ $\frac{3}{5}$ / 5, 3

④ $\frac{3}{6}$ / 6, 3   ⑤ $\frac{4}{7}$ / 7, 4   ⑥ $\frac{3}{8}$ / 8, 3

43단계 ▶▶ 102쪽

① , $\frac{1}{3}$ ② , $\frac{2}{5}$

③ , $\frac{3}{4}$ ④ , $\frac{4}{6}$

⑤ , $\frac{7}{9}$ ⑥ , $\frac{5}{8}$

44단계 ▶▶ 103쪽

① 2, 2   ② 5, 5   ③ 3, 3   ④ 4, 4

⑤ 8, 8   ⑥ 12, 12

44단계 ▶▶ 104쪽

① 2   ② 2   ③ 3, 6   ④ 2, 6

⑤ 5, 15   ⑥ 6, 12   ⑦ 3, 15   ⑧ 3, 21

45단계 ▶▶ 105쪽

① 2, 4   ② 3, 9   ③ 4, 12   ④ 4, 8

⑤ 3, 12   ⑥ 2, 14   ⑦ 4, 20   ⑧ 6, 24

⑨ 6, 30   ⑩ 5, 15

45단계 ▶▶ 106쪽

① 3   ② 3   ③ 2   ④ 3   ⑤ 12

⑥ 14 ⑦ 10 ⑧ 20 ⑨ 8 ⑩ 24

⑪ 30 ⑫ 32

46단계 ▶▶ 107쪽

① 2, 6 ② 3, 12 ③ 7, 21 ④ 5, 25

⑤ 3, 18 ⑥ 4, 20

46단계 ▶▶ 108쪽

① 3 ② 6 ③ 8 ④ 5 ⑤ 4

⑥ 5 ⑦ 4 ⑧ 15 ⑨ 8 ⑩ 14

⑪ 35 ⑫ 12

47단계 ▶▶ 109쪽

① 진 ② 가 ③ 가 ④ 진 ⑤ 대

⑥ 가 ⑦ 진 ⑧ 가 ⑨ 가 ⑩ 대

⑪ 진 ⑫ 대

47단계 ▶▶ 110쪽

① 1 ② 1, 2

③ $\frac{1}{4}$, $\frac{2}{4}$, $\frac{3}{4}$ ④ $\frac{1}{5}$, $\frac{2}{5}$, $\frac{3}{5}$, $\frac{4}{5}$

⑤ 4, 5, 6 ⑥ 5, 6, 7, 8

⑦ 8, 9, 10 ⑧ 9, 10, 11, 12

48단계 ▶▶ 111쪽

① 2, 3 ② 6, 8 ③ 7 ④ 12

⑤ 11 ⑥ 25 ⑦ $\frac{19}{8}$ ⑧ $\frac{11}{9}$

⑨ $\frac{43}{10}$ ⑩ $\frac{17}{11}$ ⑪ $\frac{13}{12}$ ⑫ $\frac{32}{15}$

48단계 ▶▶ 112쪽

① $\frac{5}{4}$ ② $\frac{14}{5}$ ③ $\frac{10}{3}$ ④ $\frac{11}{2}$

⑤ $\frac{15}{8}$ ⑥ $\frac{17}{3}$ ⑦ $\frac{18}{5}$ ⑧ $\frac{40}{9}$

⑨ $\frac{20}{7}$ ⑩ $\frac{17}{9}$ ⑪ $\frac{25}{6}$ ⑫ $\frac{20}{11}$

49단계 ▶▶ 113쪽

① 2, 1, 2, 1 ② 2, 1 ③ 2, 1

④ 1, 3 ⑤ 1, 7 ⑥ 1, 8

⑦ $3\frac{1}{3}$ ⑧ $2\frac{2}{5}$ ⑨ $2\frac{1}{6}$

⑩ $2\frac{5}{7}$ ⑪ $2\frac{1}{10}$ ⑫ $2\frac{2}{11}$

49단계 ▶▶ 114쪽

① $1\frac{2}{3}$ ② $3\frac{3}{4}$ ③ $1\frac{6}{7}$ ④ $1\frac{5}{8}$

⑤ $1\frac{5}{9}$ ⑥ $1\frac{9}{10}$ ⑦ $4\frac{4}{5}$ ⑧ $6\frac{1}{2}$

⑨ $8\frac{1}{3}$ ⑩ $5\frac{1}{6}$ ⑪ $1\frac{7}{13}$ ⑫ $1\frac{11}{12}$

50단계 ▶▶ 115쪽

① < ② > ③ < ④ < ⑤ <

⑥ < ⑦ > ⑧ < ⑨ > ⑩ <

⑪ > ⑫ < ⑬ > ⑭ < ⑮ >

50단계 ▶▶ 116쪽

① 11, < ② 14, < ③ 13, >

④ 17, < ⑤ 17, > ⑥ 23, >

⑦ $\frac{19}{5}$, < ⑧ $\frac{13}{5}$, > ⑨ $\frac{29}{7}$, <

⑩ $\frac{25}{4}$, <   ⑪ $\frac{30}{11}$, >   ⑫ $\frac{43}{10}$, >

51단계 ▶▶ 117쪽

① 3, 1, >   ② 4, 2, <   ③ 1, 2, =
④ 4, 2, <   ⑤ 2, 3, >   ⑥ 6, 3, <
⑦ $2\frac{1}{4}$, <   ⑧ $2\frac{4}{5}$, <   ⑨ $1\frac{7}{9}$, >
⑩ $4\frac{1}{6}$, >   ⑪ $2\frac{9}{10}$, >   ⑫ $2\frac{2}{13}$, <

51단계 ▶▶ 118쪽

① $\frac{9}{2}$ ② $4\frac{1}{3}$ ③ $6\frac{1}{4}$ ④ $\frac{37}{6}$
⑤ $7\frac{3}{7}$ ⑥ $\frac{29}{9}$ ⑦ $3\frac{1}{8}$ ⑧ $\frac{26}{5}$
⑨ $5\frac{1}{11}$

52단계 ▶▶ 119쪽

① 7   ② 40
③ 버터, 설탕, 밀가루, 우유   ④ 지훈

52단계 ▶▶ 120쪽

다섯째 마당 · 들이와 무게

53단계 ▶▶ 123쪽

① 1000   ② 3000   ③ 1700   ④ 2300
⑤ 5105   ⑥ 9602   ⑦ 7210   ⑧ 8980
⑨ 3425   ⑩ 6080   ⑪ 8004

53단계 ▶▶ 124쪽

① 1   ② 5   ③ 4, 300
④ 2, 800   ⑤ 6, 250   ⑥ 7, 190
⑦ 8, 540   ⑧ 1, 375   ⑨ 3, 29
⑩ 9, 376   ⑪ 8, 43   ⑫ 4, 5

54단계 ▶▶ 125쪽

① 3, 700   ② 5, 500   ③ 7, 700
④ 4, 450   ⑤ 8, 850   ⑥ 6, 100
⑦ 5, 200   ⑧ 7, 400   ⑨ 8, 200
⑩ 7, 500

54단계 ▶▶ 126쪽

① 5, 900   ② 7, 800   ③ 9, 100
④ 6, 100   ⑤ 10, 300   ⑥ 9, 100
⑦ 12, 600   ⑧ 11, 500   ⑨ 10, 350
⑩ 13, 800

55단계 ▶▶ 127쪽

① 2, 400   ② 2, 100   ③ 2, 500
④ 3, 200   ⑤ 6, 300   ⑥ 3, 500
⑦ 2, 700   ⑧ 3, 800   ⑨ 2, 400
⑩ 3, 700

55단계 ▶ 128쪽

① 3, 200   ② 2, 700   ③ 1, 700

④ 3, 600   ⑤ 2, 900   ⑥ 6, 600

⑦ 7, 700   ⑧ 3, 200   ⑨ 6, 700

⑩ 2, 650

56단계 ▶ 129쪽

① 1000   ② 4000   ③ 3500   ④ 2600

⑤ 5950   ⑥ 6140   ⑦ 3415   ⑧ 5234

⑨ 6755   ⑩ 4080   ⑪ 7005   ⑫ 8003

56단계 ▶ 130쪽

① 1   ② 3   ③ 2, 900

④ 4, 300   ⑤ 1, 250   ⑥ 5, 670

⑦ 2, 160   ⑧ 4, 872   ⑨ 3, 54

⑩ 6, 30   ⑪ 7, 10   ⑫ 9, 5

57단계 ▶ 131쪽

① 3, 600   ② 5, 500   ③ 5, 900

④ 8, 800   ⑤ 9, 700   ⑥ 6, 200

⑦ 4, 100   ⑧ 9, 400   ⑨ 8, 200

⑩ 7, 700

57단계 ▶ 132쪽

① 4, 600   ② 6, 400   ③ 6, 100

④ 7, 200   ⑤ 8, 500   ⑥ 10, 200

⑦ 11, 400   ⑧ 14, 100   ⑨ 10, 50

⑩ 18, 300

58단계 ▶ 133쪽

① 1, 500   ② 3, 200   ③ 4, 400

④ 5, 500   ⑤ 4, 400   ⑥ 1, 200

⑦ 2, 800   ⑧ 2, 700   ⑨ 5, 900

⑩ 5, 400

58단계 ▶ 134쪽

① 2, 300   ② 2, 300   ③ 4, 900

④ 2, 700   ⑤ 3, 600   ⑥ 4, 500

⑦ 5, 800   ⑧ 7, 300   ⑨ 4, 200

⑩ 8, 150

59단계 ▶ 135쪽

① 3, 700   ② 5, 900   ③ 6, 300

④ 1, 800

59단계 ▶ 136쪽

만든 오렌지 주스의 양 : 4 L 800 mL

마시고 남은 오렌지 주스의 양 : 2 L 900 mL

이렇게 공부가 잘 되는 영어 책 봤어?
손이 기억하는 영어 훈련 프로그램!

베스트 셀러

* 3·4학년용 바빠 영단어 12,000원

* 3·4학년용 바빠 영문법 ①,② 각 권 12,000원

짝 단어로 외우니 효과 2배!
3·4학년을 위한 **바빠 영단어**

- **단어가 오래 남는 과학적 학습법!**
  옛날식 학습법은 이제 안녕~

- **짝 단어로 외우면 그 효과는 2배 이상!**
  한 단어씩 외우는 공부는 이제 그만~

- **두뇌를 자극하는 공부 방법 총출동!**
  생성 효과, 망각 곡선을 구현한 학습 설계

- **〈접이접이 쓰기 노트〉 부록까지!**
  스스로 시험 보고, 틀린 단어만 복습하니 효율적!

문장이 써지면 이 영문법은 OK!
3·4학년을 위한 **바빠 영문법**

- **3·4학년 맞춤 영문법 책!**
  기본 문형과 초등 필수 영단어 사용!

- **영어가 막 써진다!**
  작은 빈칸부터 문장까지 야금야금 완성!

- **나도 모르게 복습이 되는 기특한 훈련서!**
  어제 배운 문법이 오늘 배우는 문법에 반복

- **두뇌가 활성화되는 똑똑한 훈련법**
  앞뒤 문장에 답이 있으니 포기하지 않고 도전!

초등 수학 공부, 이렇게 하면 효과적!

"펑펑 내려야 눈이 쌓이듯
공부도 집중해야 실력이 쌓인다!"

학교 다닐 때는? 학기별 연산책 '바빠 교과서 연산'

'바빠 교과서 연산'부터 시작하세요. 학기별 진도에 딱 맞춘 쉬운 연산 책이니까요! 방학 동안 다음 학기 선행을 준비할 때도 '바빠 교과서 연산'으로 시작하세요! 교과서 순서대로 빠르게 공부할 수 있어, 첫 번째 수학 책으로 추천합니다.

시험이나 서술형 대비는? '나 혼자 푼다! 수학 문장제'

학교 시험을 대비하고 싶다면 '나 혼자 푼다! 수학 문장제'로 공부하세요. 너무 어렵지도 쉽지도 않은 딱 적당한 난이도로, 빈칸을 채우면 풀이 과정이 완성됩니다! 막막하지 않아요~ 요즘 학교 시험 풀이 과정을 손쉽게 연습할 수 있습니다.

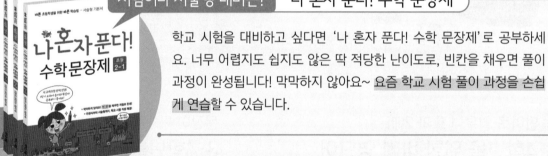

방학 때는? 10일 완성 영역별 연산책 '바빠 연산법'

내가 부족한 영역만 골라 보충할 수 있어요! 예를 들어 4학년인데 나눗셈이 어렵다면 나눗셈만, 5학년인데 분수가 어렵다면 분수만 골라 훈련하세요. 방학 때나 학습 결손이 생겼을 때, 취약한 연산 구멍을 빠르게 메꿀 수 있어요!

바빠 연산 영역: 덧셈, 뺄셈, 구구단, 시계와 시간, 곱셈, 나눗셈, 분수, 소수

'바쁜 3·4학년을 위한 빠른 분수'

하~ 자꾸 분수만 틀리네? 분수만 모아 놓은 문제집 어디 없나?

베스트셀러

바빠 연산법 — 취약한 영역을 빠르게 보강하는 연산 훈련서

바쁜 3·4학년을 위한 빠른 분수

개념 이해부터 연산 훈련까지!

이 책의 26가지 질문에
답할 수 있으면
3·4학년 분수 완성!

개념
잡기

26가지 호기심 질문으로 분수 개념을 잡는다!
개념을 그림으로 설명하니 이해가 쉽다!

연산
훈련

개념 확인 문제로 훈련하고 문장제로 마무리!
분수 개념 훈련부터 분수 연산까지 한 번에 해결!

분수
총정리

3·4학년에 흩어져 배우는 분수를 한 권으로 총정리!
모아서 정리하니 초등 분수의 기초가 잡힌다!

개념 이해부터 연산 훈련까지

 결손 보강용 3·4학년용 '바빠 연산법'

덧셈

뺄셈

곱셈

나눗셈

바쁜 1·2학년용, 바쁜 5·6학년용, 바쁜 중1용도 있습니다.

바쁜 친구들이 즐거워지는 빠른 학습서

바빠 시리즈

덜 공부해도
더 빨라져요!

연산 기초를 잡는 획기적인 책!
교과 공부에도 직접 도움이 돼요!
남정원 원장(대치동 남정원수학)

학습 결손이 생겼을 때 취약한
연산만 보충해 줄 수 있어요!
김정희 원장(일산 마두학원)

🔖 교과 연계용 바빠 교과서 연산

이번 학기 필요한 연산만 모은 **학기별** 연산책

- **수학 전문학원 원장님들의 연산 꿀팁 수록!**
  – 연산 꿀팁으로 계산이 빨라져요!
- **학교 진도 맞춤 연산!**
  – 단원평가 직전에 풀어 보면 효과적!
- **친구들이 자주 틀린 문제 집중 연습!**
  – 덜 공부해도 더 빨라지네?
- **스스로 집중하는 목표 시계의 놀라운 효과!**

* 중학연산 분야 1위! '바빠 중학연산'도 있습니다!

🔖 결손 보강용 바빠 연산법

분수든 나눗셈이든 골라 보는 **영역별** 연산책

- 바쁜 초등학생을 위한 빠른 **구구단**
  – **시계와 시간**, 길이와 시간 계산, **약수와 배수**
  – **평면도형 계산**, 입체도형 계산, 비와 비례
  – **자연수의 혼합 계산**, 분수와 소수의 혼합 계산
- 바쁜 3·4학년을 위한 빠른
  – 덧셈, 뺄셈, **곱셈**, **나눗셈**, 분수, 방정식
- 바쁜 5·6학년을 위한 빠른
  – 곱셈, **나눗셈**, **분수**, 소수, 방정식

64410

⚠ **주의**
책 모서리에 찍히거나
책장에 베이지 않게
조심하세요.

9 791163 030621

ISBN 979-11-6303-062-1
ISBN 979-11-6303-032-4 (세트)

가격 9,000원